U0017473

36 大眾科學館

Popular
Science

陶哲軒教你聰明解數學

陶哲軒（Terence Tao）著

于青林 譯

游森棚 審訂

Solving Mathematical Problems

A Personal Perspective

【大眾科學館】
出版緣起

王榮文

　　歡迎來到《大眾科學館》。2002 年 3 月，遠流引進了全球科普雜誌的第一品牌、有 150 多年歷史的 *Scientific American*，創辦了《科學人》雜誌，在這個景氣不太好的年頭，短短幾個月之間訂戶人數已達兩萬多。

　　這個現象所傳達出來的訊息，是廣大群眾對於科學知識的需求，已經攀上新的高峰；大家都認識到，在 21 世紀的今天，科學不再只是科學家在實驗室裡埋頭苦幹的事情而已，科學研究所產生的結果，會影響到我們每一個人：從日常生活到社會議題到人生哲學，到處都充斥著科學的影子，科學早已成為「眾人之事」；要是追不上科學發展的步伐，您可能會和社會脫節！

　　而事實上，作為一家出版社，遠流也早已體認到提昇全民科學素養的重要性，陸續出版了曾志朗院士的《用心動腦話科學》、《台灣館》的「觀察家」、「台灣自然寶

庫」、「魔法校車」等系列；更邀請到認知科學學者洪蘭教授，來策劃《生命科學館》的出版，負責選書、甚至也親自參與翻譯的工作，就生命科學這個可能是 21 世紀最重要的課題，提供讀者相關的知識，從 2000 年 2 月起，陸續出版了《基因複製》、《為什麼斑馬不會得胃潰瘍？》、《深海潛魚 4 億年》及《腦內乾坤》等十多種圖書。

現在，《科學人》現象讓我們深切覺得，華文讀者對於科普出版品還有許多期待，範圍可擴大到其他的科學領域。這也是為什麼我們要開闢《大眾科學館》此一系列書籍的緣由。

我們覺得，科學叢書的出版與科學雜誌正好可以相輔相成。一般說來，雜誌必須同時關照各個科學領域的不同面向，就全球各地的科學發展，為讀者提供介紹及解讀的服務；科普圖書則可以就某個單一的主題，不用太擔心篇幅或版面的限制，盡情討論。而透過《科學人》雜誌，我們可以和全球各地的華文科學家有更積極的互動；透過科普圖書，他們則可以從華人科學家的獨特觀點出發，細說從頭。

因此，就像我在《科學人》創刊時提出的，希望「借用他山之石所搭建的知識平台，能讓科學與科學之間、科

學與人文之間，找到對話的窗口。」當然，更希望爭取國內一流科學家的科普心血結晶。

如果說《科學人》可以讓人人都能成為科學人，那麼人人也都可以光臨《大眾科學館》和《生命科學館》，悠閒地逛逛。在這裡，您可以從微小的基因結構逛到宇宙深處、或數學的奇妙世界，也可以看看科學家如何發現各種突破既往的概念，對我們個人或社會帶來什麼樣的影響。

希望大家閱讀這些出版品時，都可以吸收到各種重要的科學知識，同時度過一段美好的知性時光！

導讀 1

看見解答背後的思路

傅承德

　　數學究竟該怎麼教？怎麼學？

　　回顧我們從小到大的數學課，多半都是一個既定模式：老師教你一些數學工具，然後告訴你某種數學問題要用什麼工具，另一種數學問題又該用什麼工具。例如老師教你排列組合，然後告訴你三男五女圍著一張圓桌坐要怎麼算；教你三角函數時，告訴你怎麼用正弦定理求三角形的面積。

　　考試的時候，學生就依樣畫葫蘆。「老師說這題要用排列組合來算」，便套用排列組合的公式。「這題參考書有寫，要用正弦定理」，所以就把正弦定理拿出來用。碰到沒看過的題目，學生兩手一攤：「我沒學過，我不會。」

　　於是，學生手握諸多神兵利器，卻對於沒見過的問題一點辦法也沒有，除非老師曾經教過，否則他不知道該如何出招。

　　偏偏世界上大多數的問題老師都沒教，也沒辦法教。在這個日新月異的時代，不論是學術界、實務界、數學奧林匹亞競賽乃至於現實人生，我們都不斷地面對新的問題，全世界沒有人看過，更沒有人知道該如何解答。在這樣的狀況下，我們不能再依靠學校老師給我們解答，因為解答根本還不存在於這個世界上！

　　因此，我們迫切需要培養「自行尋找解答」的能力。我們需要了解，一個解答是如何「想」出來的：為什麼三男五女的題目要這樣計算？為什麼這個面積要用正弦定理？當初想出這些解答的數學家們面對這些題目時，究竟是如何抽絲剝繭、逐步分析、找出適合的數學工具，並進而求解？

　　我們需要去看見「解答背後的思路」，才能了解在面對新的問題時如何創造新的解答。

　　而這便是本書的精髓所在。10歲便成為數學奧林匹亞國手，現今仍繼續活躍於數學界的「神童」陶哲軒教授，在這本書裡將他的解題思路完完整整地攤在諸位面前。他不只告訴各位題目怎麼解，更重要的是，他是如何「想」出這些解答的。藉由這本書，相信讀者可以很清楚地了解到，這些解答不是憑空掉下來的；它是透過逐步分析，一步步歸納出可行的方案，慢慢鋪陳出來的。

　　它是可以「想」出來的。您也做得到！

　　本書對於數學的學習與理解幫助甚大，能讓讀者學會如何將課堂上所學到的數學知識轉化為個人的數學能力，故在此推薦給學生、教師、家長以及社會大眾。相信在閱讀本書後，您會對數學這個大部分人覺得「神祕而難以理解」的學科有全新的理解與體悟，並對您在未來人生中思考問題上（不論是哪一類的問題），有非常正面的幫助。

　　（本文作者為中央大學統計研究所講座教授兼所長，

　　　　　　　中華民國數學奧林匹亞計畫主持人）

導讀 2
頂尖數學家的年輕熱情

游森棚

　　讀者手上這本書，是當代閃亮的頂尖數學家陶哲軒在 15 歲時寫的一本關於如何解題的手冊。書中藉由一些試題，談談解數學題時的思維和方法。

　　書中的選題多是不難，卻是需要思考的數學競賽試題。但是說實在，關於解「數學難題」或「解數學競賽題」，市面上已經有太多書，任選一本，內容的深度和蒐羅的廣度大概都超過。如同升學參考書，這類型的書已經發展到有題型整理、有模擬試題、有貼心的重點整理。用這個標準篩選，這本書是排不進來的。

　　但是如果你真的熱愛數學、關心教育，我要大力推薦陶哲軒的這本書。所有熱愛數學的學生以及有機會教到資優學生的數學老師和家長，都可以讀一讀。為什麼？

　　首先，這是解題思路的第一手資料。到底難題是怎麼想出來的？這可能是所有在數學裡掙扎的人最想知道的一

點。這本小書中，作者不藏私地分享他在面對問題時的思緒：怎麼抽絲剝繭、怎麼分析、該選用什麼工具和知識、怎麼找到關鍵點。難得有書這樣寫，所以讀者若能吸收作者的想法，必能在數學的思維上有很多新的領悟和收穫！

再者，普羅大眾都喜歡奇人軼事。陶哲軒的早慧故事讓人津津樂道且目瞪口呆：他出生於 1975 年，從小就是有名的「天才兒童」，8 歲時去考 SAT（大學入學考試測驗），滿分 800 分，他考了 760 分；他在 11、12、13 歲（1986、87、88 年）參加國際數學奧林匹亞競賽，分別拿到銅牌、銀牌和金牌，而 13 歲拿金牌，仍然是目前的紀錄保持人；他 20 歲拿到普林斯頓大學的博士學位，24 歲成為加州大學洛杉磯分校（UCLA）的正教授。

以上這些經歷，可能是現今台灣父母夢寐以求的想望，一個如此聰明的「天才兒童」。

但是外行看熱鬧，內行看門道。以上可以當做茶餘飯後的故事，真正值得敬佩的是他接下來的學術成就。截至 2011 年，陶哲軒已經發表了將近 200 篇高品質的學術論文。多半學者窮其一生只能專精一、兩個領域，他卻已經可以同時在數個領域，諸如調和分析、偏微分方程、解析數論、組合學等等都走在同行的頂尖，甚至開創了幾個新的研究方向。

　　不到 40 歲，陶哲軒已經得到十多個國際性的學術獎項，包括 2000 年薩蘭獎（Salem Prize）、2002 年博謝獎（Bôcher Prize）、2003 年克萊數學研究獎（Clay Research Award）、2008 年沃特曼獎（Alan T. Waterman Prize）、2009 年費薩爾國王國際獎（King Faisal International Prize）、2010 年內默斯獎（Nemmers Prize）和波利亞獎（Polya Prize），以及 2006 年在國際數學家大會上榮獲有「數學界的諾貝爾獎」之稱的費爾茲獎（Fields Medal）。說實話，這些成就已經如同遠在天邊的星星，是多少科學家一輩子無法達到的境界。

　　因此，不管是學生、老師、家長或學者，面對手上這本書，我們都應該有一點點興奮。這不是一本解題報告，也不是教導如何準備數學競賽的參考書，而是一個當今頂尖數學家的年輕熱情。這顆年輕的心是如此熱愛數學，熱愛到會想把自己的心得寫成一本小小的冊子，向（那時候還不知道在哪裡的）讀者分享他的喜悅。這是有血有肉的年輕歲月紀錄，這是面對自己熱情的誠實筆記。

　　我希望讀者能體會我要傳達的意思。藉由這本小書的內容，除了吸收陶哲軒對於解題的思路以外，更值得思考的是，這樣的熱情如何能經過陶冶、淬煉成長而成熟。

　　這幾年我有一些機會參與國際奧林匹亞競賽選手的選

拔及培訓工作，也有幸擔任了 2006 和 2007 年的國家代表隊領隊。在頒獎時我總是非常戰慄，打從心底戰慄，因為你知道台上這些年輕的學生不僅聰明又努力，而且他們很有可能會改變這個世界。

種子要開花結果，需要適當的土壤、肥料、水分和陽光；同樣的道理，在台灣聰明的學生到處都是，但更需要的是健康的環境與個人的努力。黑葉荔枝怎麼種也不會變成玉荷包，反而應當好好栽培成最甜的黑葉。同樣的道理，發掘自己的熱情和資質擅長所在，專精一致才是正確的方向。

希望這本書的出版不僅讓我們一窺數學的美妙，也讓我們思考一些關於人才養成的深刻問題。

（本文作者為高雄大學應用數學系教授，
2006、2007 年國際數學奧林匹亞競賽國家代表隊領隊）

推薦
體驗以簡馭繁的數學美感

曾俊雄

　　閱讀本書讓我領略到陶哲軒的思維特性，敏銳的直覺、嚴謹的邏輯和藝術般的解題策略與歷程，令人驚讚連連！

　　你也可以一起動筆想想看、做做看！或找兩、三好友一起 PK 討論，再對照書中的解法，看看各有何巧妙之處；也可以將陶哲軒當成家庭教師，看他述說如何破題，隨他遨遊解題歷程，一起感受數學以簡馭繁的精神與美感，一起享受碰壁、轉彎、柳暗花明、豁然開朗的解題樂趣！

　　常有人問：那些「數學天才」解題時的想法果真深奧難懂？他們超凡的洞察力難道來自於神諭？或是解題工具、技巧超乎尋常？我想這位智商 220 以上、被推崇為最聰明科學家的陶哲軒，已提供了他的答案！

（本文作者為台北市立建國高中數理資優班導師暨數學老師）

獻給我所有的良師益友，
他們教會我懂得數學的意義（以及樂趣）。

目 錄

二版序

　　這本書寫於 15 年前，對於今天的我來說等於半個人生以前了。在成長的日子裡，我離家遠赴異國他鄉，念研究所、教書、撰寫研究論文、輔導研究生、結婚，並有了一個兒子。顯然，現在我對生活與數學的理解，較之於 15 歲時改變了很多。我已經有很長時間沒有涉足數學解題競賽了，因此如果我今天來寫這樣題材的書，將會和你現在讀到的很不一樣。

　　數學是一門涉及多方面的學問，我們關於它的經驗和鑑賞力，會隨著時間的推移與經歷的豐富而變化。當我是小學生時，形式運算的抽象之美，及其令人驚嘆的、透過重複簡單法則而得出非凡結果的能力吸引了我；當我是高中生時，透過競賽，我把數學當做一項運動，享受著解答設計巧妙的數學趣味題（正如本書中提到的數學題）和揭開每一個奧祕的「竅門」時的快樂；當我是大學生時，初

次接觸到構成現代數學核心的豐富、深刻、迷人的理論和
體系，使我頓起敬畏之心；而當我是研究生時，我為擁有
自己的研究課題而感到驕傲，並能對以前未解決的問題提
供原創性證明，在過程中得到無與倫比的滿足。但直到自
己展開作為一名研究型數學家的職業生涯後，我才開始理
解隱藏在現代數學理論和問題背後的直覺力及原動力。當
我意識到無論多麼複雜和深奧的結果，往往都是由非常簡
單、甚至是常識性的原理導出時，我感到欣喜。當抓住這
些原理中的一個，且突然領會到它是如何照亮一個巨大的
數學體系、並賦予其活力時，我會「啊哈！」脫口而出，
這真是令人驚奇的非凡體驗。然而，仍有很多方面的數學
有待發現。直到最近，等我了解夠多的數學領域後，才開
始理解整個現代數學的努力方向，以及數學與科學和其他
學科的聯繫。

　　由於本書是我展開職業數學生涯之前完成的，當時我
並不具備現在的洞察力和經驗，因此書中許多地方的寫法
具有某種無知，甚至是幼稚的東西。但我並不想太大幅度
地改變它們，因為年輕時的我比現在的我更能融入高中生
的解題世界。然而，我對本書做了若干結構上的調整：改
變編排格式；把材料組織得我個人認為更有邏輯性；修改
一些用詞不準確、不當、混淆或結構鬆散的部分。我還增

加了習題的數量。某些地方的內容有點過時（例如費馬最後定理現在已有了嚴謹的證明），而現在我也意識到，書中有些問題可以用更便捷、更簡潔的「先進」數學工具來解決。但本書的目的並不是對問題提供最簡潔的答案或最新的結論綜述，而是要指明：剛接觸一個數學問題時，我們應該如何處理它，如何努力從不同角度嘗試一些想法、排除另一些想法，以及如何有計畫地處理問題，最終得到一個滿意的解答。

　　我非常感謝 Tony Gardiner 對本書再版所給予的鼓勵和支援，以及我父母多年來的全力支援。我也被所有的朋友和這些年來我遇到的讀過本書第一版的人所深深感動。最後（但並非不重要的），我要特別感謝我的父母和芬林德斯醫學中心（Flinders Medical Center）的電腦技術人員，是他們從我老舊的麥金塔電腦中復原了本書 15 年前的備分電子版！

陶哲軒

美國加州大學洛杉磯分校（UCLA）數學系

2005 年 12 月

初版序

古希臘哲學家普羅克洛斯（Proclus Lycaeus, 412-485）曾說過：

這，就是數學：她提醒你靈魂有不可見的形態；她為自己的發現賦予生命；她喚醒心智，澄淨思維；她照亮了我們內心的思想；她滌盡我們有生以來的蒙昧與無知……

而我喜歡數學，只是因為她有趣。

數學問題或智力題，對於現實中的數學（即解決實際生活問題的數學）是十分重要的，就如同寓言、童話和奇聞逸事對年輕人理解現實生活的重要性一樣。已有其他人發現，解法優美的數學問題是一種「淨化過的」數學，因為問題的表面東西已被剝去，用有趣且（希望如此）發人

深思的形式呈現出來。如果把學習數學比做探勘金礦，那麼解決一個好的數學問題，就近似於為尋找金礦而上的一堂「捉迷藏」課：你要去尋找一塊黃金，你知道這塊黃金是什麼樣子，它就在附近的某個地方，要到達那個地方不是太困難，是在你能力所及的範圍內，同時給了你去挖掘它的合適工具（例如已知條件）。由於黃金隱藏在一個不易發現的地方，要找到它，比起拚命挖掘，更重要的是正確的思路和技巧。

在本書中，我將解決若干具有不同難度、從不同數學分支中選擇出來的問題。標示星號「*」的問題是較難的，因為可能需要某些較深的數學知識，或者需要某些比較巧妙的想法；標示雙星號「**」的問題難度更高。有些問題會附帶一些習題，它們能用類似的方法解決，或涉及類似的數學知識。在解這些題目的同時，我將試圖闡明解題的一般技巧。解題的兩個要素──經驗和知識，是不容易寫進書裡的，要想獲得它們，必須經歷時間的磨練。但是，書裡有許多不需要多少時間就可學會的較簡單技巧；有一些分析問題的方法，有助於較容易找到合理可行的處理方案；也有一些系統的分類方法，利用它們可以把一個問題簡化為若干較簡單的相關子問題。然而，解答問題並不是事情的全部。

讓我們再回到尋找黃金的比喻：相較於仔細測量、用一點地質學知識進行小規模的挖掘，用推土機把鄰近地塊統統亂挖一遍就顯得十分笨拙了。一個解法應該相對簡潔、容易理解，並且有望達到優美的程度。同時，它也應該有發現的樂趣。把一個漂亮、簡潔的幾何題，用解析幾何教科書的方法，變成醜陋怪物般的方程式，就不會帶來只用兩行向量解法所給予我們的成就感。

舉一個典型的例子，請看以下歐幾里得幾何中的一個標準結果：

> 請證明：一個三角形的三條邊的垂直平分線會相交於一點。

這簡潔的「一句話」陳述，可以用解析幾何方法來證明。請讀者試著自己花幾分鐘（或幾小時？）做一做，然後再看下面的解法：

證明：令這個三角形為 ΔABC。設點 P 為邊 AB 和 AC 的垂直平分線的交點（圖1）。因為點 P 在 AB 的平分線上，所以 $|AP|=|PB|$；同樣的，因為點 P 在 AC 的平分線上，故 $|AP|=|PC|$。結合這兩個式子，我們可得到 $|BP|=|PC|$。這

就意謂著，點 P 也必須在 BC 的平分線上。所以，這三條垂直平分線會交於一點（順便指出，點 P 是 ΔABC 的外接圓的圓心）。

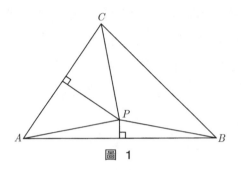

圖 1

下面的簡圖（圖2）說明了如果點 P 在 AB 的垂直平分線上，為什麼可以得到結論 $|AP|=|PB|$：用兩個全等三角形就把這說清楚了啦。

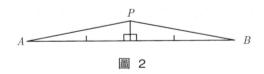

圖 2

所以這種解法把一些顯而易見的事實相互結合在一起，導出一個不太顯而易見的結論，這正是數學之美的一部分。我希望你們也能欣賞到這種美感！

致謝

感謝 Peter O'Halloran、Vern Treilibs 和 Lenny Ng 所提供的題目和建議。特別感謝 Basil Rennie 的修正和獨創的便捷解法。最後也感謝我的家庭所給予的支援、鼓勵，糾正我的拼寫錯誤以及鞭策我完成寫作計畫。

書中幾乎所有的題目都出自已經出版的數學競賽習題集，正文中都標明了它們的出處，完整的資訊詳見本書末的參考文獻。我也採用了少數從朋友處或其他數學出版物獲得的題目，這些則沒有標明出處。

第 1 章
解題策略

千里之行，始於足下。

   ——老子

　　無論解答一個問題像不像老子這句格言，都起始、並繼續、最終結束於簡單、合乎邏輯的步驟。但是，只要有敏銳的目光，並以穩健的步伐朝著明確的方向前進，那麼千里之行遠遠不需要走千千萬萬步。數學作為抽象的學問，並無有形的約束，人們總可以從頭開始嘗試新的對策，或隨時返回前一步。別的學問不一定有這樣的靈活性（例如你迷路時，要尋找回家的路並不容易啊）。

　　當然，這並不能使解題變得容易，否則這本書會薄很多。然而這樣的特點卻使解題變得可能。

　　正確解題有一些一般策略和想法，匈牙利數學家波利亞（George Polya, 1887-1985）在他的經典著作《如何解題》（*How to Solve It*）談到了其中的很多種。我們會在下面討論某些策略，同時會簡要說明其中每種策略如何運用於下面的問題：

問題 1.1　一個三角形的三條邊長構成公差為 d 的等差數列，三角形的面積為 t。請求出這個三角形的邊長和各個角度。

　　理解問題。這個問題屬於哪種類型呢？數學問題主要分成三類：

- 「證明……」或「推算……」型問題。這類問題要求證明某個命題成立，或推算某個運算式的值。
- 「求……（值）」或「求所有的……（值）」型問題。這類問題要求找出滿足某些條件的一個或所有的值。
- 「是否存在……」型問題。這類問題要求證明一個命題或給一個反例（因此，這屬於前面兩類題目的其中一類）。

　　問題的類型決定了解題的基本方法或方式，所以它至關重要。在「證明……」或「推算……」型問題中，從已知的資訊入手，目的是推導出某個命題，或計算出某個運算式的值。由於這類問題有清晰的目標，所以通常比另外兩類問題來得容易。「求……（值）」型問題比較依賴運氣，通常要先猜一個相近的答案，再做些小的調整，使它更接近於正確答案；或者先修改題目的要求，使之比較容易滿足，再考慮原來的要求。「是否存在……」型問題通常是最難的，因為我們必須先判斷討論的物件是否存在，再提供證明或舉出反例。

　　當然，並不是所有的問題都可以這樣簡單地歸類，但通常問題的類型可為解題提供基本策略。例如，要解決「在這座城市裡找一個今晚可以睡覺的旅館」這樣的問

題，就應先把要求改成如「5 公里範圍內找一個有空房間的旅館，且一晚房價不超過 100 美元」，然後採用排除法來找。這種策略比證明這樣的旅館存在或不存在要好，也可能比先隨便選一家旅館、然後證明是否適合休息要好。

在問題 1.1 這個「求出……的值」型問題中，需要在已知若干變數的情況下求出幾個未知量。這就提示我們不是用幾何方法，而是要用代數方法，建立可將 d、t 及三角形的三條邊和三個角連結起來的多個方程式，最終解出未知量。

理解題目所給的資訊。問題中給了什麼資訊呢？通常，一個問題會提到滿足某些特定條件的若干個物件。為了理解這些資訊，需要觀察它們和已知的要求之間是如何相互作用的。請注意，要選擇恰當的技巧和符號，這對解決問題很重要。在我們的例題中，資訊包括一個三角形、它的面積，以及它的三條邊長構成公差為 d 的等差數列。因為有一個三角形，並考慮其邊長和面積，所以我們需要用到有關三角形的邊、角和面積的定理來解決問題，例如用正弦定理、餘弦定理和面積公式等。我們還需要用符號來表示等差數列，例如三角形的邊長可表示為 a、$a+d$ 和 $a+2d$。

理解題目所要求的目標。題目要求的目標是什麼？也許是求一個值、證明一個命題，或決定一個具有某種特性的物件是否存在等等。如同在「理解題目所給的資訊」部分所提到的，了解目標有助於集中精力選擇最合適的解題工具，也有助於建立一個戰術性的目標，使我們更接近問題的解。在問題 1.1 中，目標是「求這個三角形所有的邊長和角度」。如前所述，這意謂著我們需要有關三角形邊長、角度的定理和公式，而我們的戰術性目標是「找到有關三角形邊長和角度的關係式」。

選擇恰當的符號。我們理解了題意和目標後，還需要盡可能用簡單的形式有效表達出來，這通常涉及前面所討論的兩種策略。在這個例題中，我們已經考慮到建立有關 d、t 及三角形邊長和角度的方程式，接著需要用變數來表示三角形的邊長和角度：可以設邊長為 a、b、c，而角度記做 α、β、γ。然而，我們可以用題目所給的資訊來簡化這些符號：由於知道三條邊長呈等差數列，因此可以用 a、$a+d$ 和 $a+2d$ 取代 a、b 和 c。但是如果令邊長為 $b-d$、b 和 $b+d$，使之對稱，這樣更好；這種符號表示法只有一個缺陷，b 必須大於 d。但進一步想，我們發現這不全然是個限制。實際上，$b>d$ 提供了額外的資訊。我

們也可以做較大調整，把角度記為 α、β、$180° - \alpha - \beta$，但是這種表示既不好看，也不對稱，所以最好保持原來的符號，不過要記住 $\alpha + \beta + \gamma = 180°$。

用選定的符號表達已知的資訊，並畫一個示意圖。 把所有的資訊寫在紙上，有三點好處：

（a）解題時便於參考；

（b）陷入困境時，可以盯著紙進行思考；

（c）把知道的寫下來，這個過程本身可以激發新的靈感和聯想。

但是請注意，不要寫下過多的資訊和細節。一種折衷的辦法是著重於強調你認為最有用的事實，而把一些令人懷疑的、冗雜的或異想天開的想法寫在另一張草稿紙上。下面是從這個問題想到的一些方程式和不等式：

- 有形的約束：α、β、γ、$t > 0$ 和 $b \geq d$。我們還可以假設 $d \geq 0$，以免失去一般性。
- 三角形的三個角之和：$\alpha + \beta + \gamma = 180°$
- 正弦定理：$\dfrac{b-d}{\sin\alpha} = \dfrac{b}{\sin\beta} = \dfrac{b+d}{\sin\gamma}$

- 餘弦定理：$b^2 = (b-d)^2 + (b+d)^2 - 2(b-d)(b+d)\cos\beta$ 等。
- 三角形面積公式：

$$t = \frac{1}{2}(b-d)b\sin\gamma = \frac{1}{2}(b-d)(b+d)\sin\beta = \frac{1}{2}b(b+d)\sin\alpha$$

- 海龍公式（Heron formula）：

  $t^2 = s(s-b+d)(s-b)(s-b-d)$

  其中 $s = \frac{1}{2}[(b-d)+b+(b+d)]$ 是半周長。

- 三角不等式：$b+d \leq b+(b-d)$

　　這些事實中，很多可能證明是無用的，或者會分散注意力。但是利用一些判斷法則，我們可以把有用的事實與無用的事實區分開來。由於我們的目標和資訊都以等式的形式出現，所以等式看起來比不等式有用。另外，因為半周長可以簡化為 $s = 3b/2$，所以海龍公式可望用得上。因此，我們可以把「海龍公式」作為可能有用的事實，以重點標示出來。

　　當然我們也可以畫一張示意圖（見下頁圖 1）。通常這對幾何問題十分有用，但在我們的例題中，這樣的圖似乎無法提供更多的資訊。

　　對問題稍做修改。 可用很多種方法來修改問題，使其

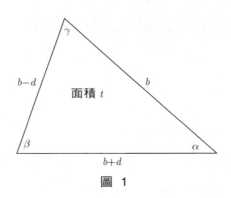

圖　1

更容易處理，例如：

（a）考慮問題的一種特定情形，例如極端或退化情形；

（b）解答問題的一種簡化版本；

（c）設計一個包含該問題的猜想，並試著先證明它；

（d）導出問題的某個推論，並試著先解決它；

（e）重新表達問題（例如做某些對調、用反證法，或者嘗試某種替代形式）；

（f）研究類似問題的解；

（g）推廣該問題至一般狀況。

　　面對一個問題無從下手時，上述方法是有幫助的，因為解決一個比較簡單的相關問題，有時能夠指引出解決原本問題的方法。同樣的，考慮極端情形和解決帶有附加假

設的問題，也可以對問題的一般解法有所啟發。但是需要注意的是，特定情形本質上是特殊的，可以用某些漂亮的技巧來處理它們，卻對一般情形毫無用處，這往往發生在特定情形過於特殊的時候。一開始適當地修改假設，可以保證你始終與原問題的本質盡可能接近。

在問題 1.1 中，我們可以從 $d = 0$ 的特定情形開始，這時需要求出面積為 t 的等邊三角形的邊長，用標準方法可計算得到 $b = 2\sqrt{t}/\sqrt[4]{3}$，這說明一般解也應包括平方根或 4 次方根。可是這個嘗試並沒有提供方法來解決原問題，別的類似嘗試也收穫不大，這意謂著，我們需要某種強有力的代數工具來解決這一問題。

對問題做較大修改。這是比較大膽的策略，我們對問題做出較大幅度的修改，例如去掉題目給的條件、交換條件和要求的目標，或者否定目標（例如嘗試否定命題，而不是證明原命題）。我們不斷嘗試，直到突破問題為止，然後確定哪裡是突破的關鍵，這樣就能確定已知的條件之中哪些是關鍵所在，以及真正的難處所在。這種練習也有助於判斷哪種策略可行、哪種策略不可行，培養出做這種判斷的直覺。

在我們這個特定的例題中，可以用四邊形、圓等來代

替三角形，只是效果不大，也讓問題變得更複雜了。但另一方面可以看出，這個問題只需要求出三角形的邊長和角度，並不需要知道三角形所在的位置。因此，這進一步使我們確信，應把注意力放在三角形的邊長和角度（即 a、b、c、α、β、γ），而不是座標幾何或其他類似的方法。

我們可以忽略題目要求的某些目標，例如只求出三角形的三條邊長就好，不必求出三角形的角度，因為我們知道，根據正弦和餘弦定理就可以確定三角形的角度了，所以只需求出三角形的邊長。由於我們知道邊長為 $b-d$、b 和 $b+d$，因此只要求出 b 就能解決問題。

我們也可以忽略題目已知的某些資訊，例如公差 d，但是這樣做，我們會發現可能得到不只一個解，而且沒有足夠的資訊來解決問題。同樣的，忽略面積 t 也沒有足夠資訊能確定只得到一個解。（有時可以忽略部分資訊，例如只要求面積大於或小於某個臨界值 t_0，但這會變得更複雜，因此要先嘗試簡單的選擇。）

反過來問問題（把條件和目標做交換）也可能引發一些有趣的想法。假定有一個三角形，其三條邊長呈公差為 d 的等差數列，而你想把三角形縮小（或者進行其他變換），直到它的面積變為 t。這個過程可以想像成保持三條邊長的公差，同時縮小三角形並使之變形。你也可以考

慮相同面積 t 的所有三角形，從中找出一個，使其三條邊長滿足等差數列的要求。這些想法也許最後會成功，但我將給這個問題另一種解法。請記住，一個問題可以有不只一種解法，而且並沒有哪一種解法是絕對最好的。

證明與我們的問題相關的結果。題目給的條件都可以用，因此我們應把每一個條件拿來試一試，看看是否能產生更有意義的資訊。試圖證明主要結論或求解答案的過程中，先證明一些小結果，也許對後面有所幫助。無論如何，不要忘記這些小結果，它們可能在後面起作用。另外萬一陷入困境，這些小結果也使你有事可做。

類似這個有關三角形的「推算……」型問題中，這種策略不一定有效，但不妨一試。我們的戰術性目標是求出 b，它與兩個參數 d 和 t 有關。換句話說，b 是一個函數：$b = b(d,t)$。如果這個符號在幾何問題中看起來很奇怪，只是因為幾何問題有意忽略物件之間的函數關係。例如，海龍公式給了用邊長 a、b 和 c 來表示面積 A 的明確形式。換言之，A 可以記做函數 $A(a,b,c)$。現在，我們可以證明關於函數 $b = b(d,t)$ 的一些小結果，例如 $b(d,t) = b(-d,t)$（因為一個公差為 d 的等差數列總有一個公差為 $-d$ 的等差數列與其等價），或者 $b(kd,k^2t) = kb(d,t)$（這是把滿足

$b = b(d,t)$ 的三角形擴大 k 倍得到的）。我們甚至可用 d 或 t 對 b 做微分。在這個特定的問題中，這些策略使我們可以做某些標準化處理，例如令 $t=1$ 或 $d=1$，同時也為檢驗最終的答案提供一種方法。不過，這些技巧對我們的例題顯現不出太多好處，所以不予採用。

簡化、活用資訊，以便達到戰術目標。 我們已經引進了符號，建立了若干方程式，現在應仔細觀察如何達成我們制訂的戰術目標。簡單的問題通常會有標準的解題方法（例如在高中數學教材中，我們經常討論代數簡化法），這往往是解題過程中最長、最難的部分。然而，如果能記住有關的定理、題目給的資訊及其用法，尤其是記住題目要求的目標，就可以避免迷失方向。另外，不要盲目地套用某種已知的技巧或方法，而是應該先考慮一下哪裡有可能用到這種技巧，才能避免在無助於解決問題的方向上耗費大量精力，從而節省大量時間，著力在最有助於解決問題的方向。

在問題 1.1 中，我們將力氣集中考慮海龍公式，從中可以得到我們的戰術目標：解出 b。我們注意到用正弦定理和餘弦定理就可以確定 α、β、γ。更進一步，我們又注意到海龍公式與 d 和 t 有關，事實上，這樣已用到題目給

的所有資訊（我們已經把三角形的三條邊長構成等差數列這一事實體現在選定的符號中）。總之，用 d、t、b 表示的海龍公式現在可以寫成：

$$t^2 = \frac{3b}{2}\left(\frac{3b}{2} - b + d\right)\left(\frac{3b}{2} - b\right)\left(\frac{3b}{2} - b - d\right)$$

我們可以將其簡化為：

$$t^2 = \frac{3b^2(b-2d)(b+2d)}{16} = \frac{3b^2(b^2 - 4d^2)}{16}$$

現在我們需要求解 b。上式的等號右邊是關於 b 的多項式（把 d 和 t 看做常數），事實上是 b^2 的二次多項式，於是很容易透過求解二次方程式得到 b，即如果去掉分母，並把所有項移到等號左邊，就得到：

$$3b^4 - 12d^2b^2 - 16t^2 = 0$$

再運用二次方程式：

$$b^2 = \frac{12d^2 \pm \sqrt{144d^4 + 192t^2}}{6} = 2d^2 \pm \sqrt{4d^4 + \frac{16}{3}t^2}$$

因為 b 必須為正的，我們得到：

$$b = \sqrt{2d^2 + \sqrt{4d^4 + \frac{16}{3}t^2}}$$

　　為了驗證，我們可以看出當 $d = 0$ 時，上式就等於前面的計算結果 $b = 2\sqrt{t} / \sqrt[4]{3}$ 。一旦求出三角形的三條邊長 $b - d$ 、 b 、 $b + d$ ，就可以由餘弦定理推算出三個角度 α、β、γ。這樣就成功了！

第 2 章
數論中的例子

奇數是神聖的，無關乎生辰、命運或死亡。

——莎士比亞，《溫莎的風流娘兒們》

　　也許數論並不是那麼神聖，但它還是被神祕的氣氛所籠罩。數論與代數不同，代數有等式運算定律為基礎，數論則似乎是從未知源頭推導出結論。

　　以「拉格朗日定理」（Lagrange's theorem，起初只是費馬的一個猜想）為例子，也就是每一個正整數都是四個完全平方數的和（例如 $30 = 4^2 + 3^2 + 2^2 + 1^2$）。從代數的角度看，我們所談論的是一個非常簡單的方程式，但因為限制為整數，代數法則失靈了。這個結果簡單到令人生氣，而且數值試驗結果顯示它似乎是成立的，但就是給不出為什麼成立的解釋。的確，拉格朗日定理不能用這本書裡的初等方法簡單證明，而是需要用到高斯整數或類似的知識。

　　然而，其他問題不一定如此深奧。下面是幾個簡單的例子，它們都與自然數 n 有關：

（a）n 總是和它的 5 次方 n^5 具有相同的末位數字。

（b）n 是 9 的倍數，若且唯若它的各個位數的數字之和是 9 的倍數。

（c）威爾森定理（Wilson's theorem）：$(n-1)!+1$ 是 n 的倍數，若且唯若 n 是質數。

（d）如果 k 是正奇數，則 $1^k + 2^k + \cdots + n^k$ 可被 $n+1$ 整除。

（e）恰巧有四個 n 位數的整數（可以用 0 填補位數），每

個數字的末位數恰好與其平方的末位數相同。例如，
滿足這一性質的四個三位數為 000、001、625 和 376。

　　這些命題都可以用初等數論來證明，而且都圍繞著模
算術（modular arithmetic）的基本思想。這會使你體會到代
數的威力，但這只適用於有限個整數。順便提一下，嘗試
解出最後一個命題（e），最終可以引出 p 進位（p-adic）
的概念，它是模算術的一種無窮維形式。

　　基礎數論是封閉的數學樂園，但由整數和整除性所產
生的應用卻非常廣泛、強大，令人驚訝。整除性的概念很
自然地引出質數的概念，進而促成因數分解的明確形式，
以及在 19 世紀末發現的數學瑰寶之一：質數定理，它可
以較精確地預測小於某個已知整數的質數的個數。同時，
借用整數運算的概念，可以把模算術從一個整數的子集推
廣到有限的群、環和體的代數。進而，當「數」的概念推
廣為無理不盡根、分裂體的元素、複數時，模算術就引出
了代數數論。數論是數學的奠基石之一，支撐了數學領域
相當大的一部分；當然，它本身也很有趣。

　　在開始解題前，讓我們復習一些基本的概念：自然數
就是正整數（我們不把 0 看做是自然數）。自然數的集合
記為 N。質數是恰好只有兩個因數（即這個數本身和 1）

的自然數。我們不認為 1 是質數。如果兩個自然數 m 和 n 只有公因數 1，則稱它們為互質。

「 $x = y \pmod{n}$ 」讀做「 x 等於 y 模 n 」❶，表示 x 和 y 相差 n 的倍數，例如 $15 = 65 \pmod{10}$。符號「 $\pmod{n}$ 」表示我們在進行模算術，這裡模數 n 等同於 0；例如模算術 $\pmod{10}$ 是在 $10 = 0$ 條件下的算術，因此：

$$65 = 15 + 10 + 10 + 10 + 10 + 10 = 15 + 0 + 0 + 0 + 0 + 0 = 15 \pmod{10}$$

與標準算術不同的是，模算術沒有不等式，且所有數字均為整數。例如，$7/2 \neq 3.5 \pmod{5}$，但因為 $7 = 12 \pmod{5}$，故有 $7/2 = 12/2 = 6 \pmod{5}$。這種拐彎抹角的除法看起來很奇怪，但事實上我們可以發現，這樣做並無真正的矛盾，儘管有些除法是不允許的，正如傳統的實數運算不允許除數為 0。模算術有一個通用法則，當分母和模數 n 互質時，除法就可以進行。

2.1 位數

　　前面我們曾經提過，求出自然數的各個位數的總和可

---

❶ 譯注：幾乎在所有的數論書當中，表示「x 和 y 相差 n 的倍數」的符號都使用「$x \equiv y \pmod{n}$」，讀做「x 同餘於 y 模 n」，而不是這裡所寫的「$x = y \pmod{n}$」。這樣的表示式稱為同餘式，n 稱為（同餘式的）模或模數，是正整數。為了與原著保持一致，譯文未做改動。

以了解這個數的性質（比如是否可被 9 整除）。在高等數學中，這種運算並非特別重要（事實證明，直接研究數字本身，要比研究它們的展開式有效得多），但這在趣味數學中十分普遍，有時甚至被賦予神祕的涵義！當然，位數總和經常出現在數學競賽題中，正如下面這個例子：

問題 2.1（Taylor, 1989, p.7） 證明在任意 18 個連續的三位數中，至少存在一個整數可以被它的各個位數總和整除。

這是一個有限的問題，因為只存在大約 900 個三位數，所以理論上可以動手逐個驗證。但是讓我們看看是否有省時省力的辦法。首先，這個題目的目標看起來有點奇特：希望找到可以被其位數總和整除的數。我們先用數學公式來表達這個目標，這樣處理起來會更容易些。為了避免和 abc 混淆，我們可以把一個三位數寫成 abc_{10} 的形式，a、b、c 均為阿拉伯數字。要注意 $abc_{10} = 100a + 10b + c$，而 $abc = a \times b \times c$。沿用標準的符號，用 $a \mid b$ 表示 a 整除 b，那麼我們要證明的是：

$$(a+b+c) \mid abc_{10} \tag{1}$$

這裡 abc_{10} 是已知的 18 個連續三位數之一。我們是否能夠對這個關係式進行變形、簡化或有所利用呢？這是可能的，然而並不能達到事半功倍的效果（例如，得到一個把 a、b 和 c 直接聯繫起來的有用式子）。事實上，即便用 $100a + 10b + c$ 替代 abc_{10}，式（1）依然難以處理。看一看滿足式（1）的所有解 abc_{10}：

100, 102, 108, 110, 111, 112, 114, 117, 120, 126,..., 990, 999

這些數字看起來是雜亂、隨機的。然而，它們確實出現得頗為頻繁，使得任意 18 個連續的整數中，應該有一個解可以滿足式（1）。

那麼，18 的意義是什麼？假如 18 不是用來分散注意力（也許只需要 13 個連續的整數，18 只是讓你誤入歧途），那麼，為什麼是 18 呢？也許有人聯想到位數總和與 9 有很大關係（例如 9 除任何數的餘數與 9 除其位數總和的餘數相同），以及 18 與 9 相關，所以可能存在某種不明的聯繫。然而，連續的若干個數字和整除性並無直接關係。為了增大解題的機會，我們需要重新陳述問題，或提出一個相關的問題。

現在把注意力放在與數字 9 有關的結果上，就可以發現，實際上滿足式（1）的數字大部分是 9 的倍數，或者

至少是 3 的倍數。事實上，上面列舉的數字只有三個例外
（即 100、110 和 112），而所有 9 的倍數都滿足式（1）。
因此，我們不必直接證明

> 任意 18 個連續的整數中，至少有一個滿足式（1）。

而是考慮證明

> 任意 18 個連續的整數中，存在一個 9 的倍數可以滿足
> 式（1）。

　　以上想法似乎把題目所給的資訊（18 個連續的整數）
和目標（滿足式（1）的一個整數）之間的「堅冰」給打
破了，因為 18 個連續的整數之中總是包含一個 9 的倍數
（事實上包含兩個這樣的數），而且從數值驗證和數字 9
所具有的啟發性質中，看起來 9 的倍數能夠滿足式（1）。
這種「逐步尋找踏腳石」式的方法，是在兩個看似無關的
命題之間建立聯繫的最佳途徑。

　　這塊特定的「踏腳石」（考慮 9 的倍數）確實有效，
但還需要考慮一些例外，以涵蓋所有的情形。事實上，用
18 的倍數會更好些：

$$\boxed{18\ \text{個連續的整數}} \rightarrow \boxed{\text{一個 18 的倍數}} \rightarrow \boxed{\text{式（1）的一個解}}$$

之所以做出這種修正，主要基於兩方面理由：

- 18 個連續的整數必然包含一個 18 的倍數，但包含兩個 9 的倍數。看起來，用 18 的倍數處理這個問題比用 9 的倍數更巧妙、更合適。說到底，如果我們可以用 9 的倍數來解這問題，那麼所問的問題應該是只需要 9 個連續的整數，而不是 18 個連續的整數。

- 既然 18 的倍數是 9 的倍數的一種特例，因此用 18 的倍數證明式（1），應該比用 9 的倍數更容易。的確，正如我們將看到的，9 的倍數不一定總是成立（例如 909），但 18 的倍數總是成立。

　　總而言之，數值試驗法顯示 18 的倍數似乎行得通，但為什麼呢？以 216 為例，它是 18 的倍數，其位數總和是 9，並且因為 18 整除 216，所以 9 也可以整除 216。再來考慮另一個例子，882 是 18 的倍數，而且它的位數總和是 18，所以 882 顯然可以被 18 整除。花時間研究更多的例子就會看出，18 的倍數的位數和總是 9 或 18，所以自然而然可以整除原來的整數。綜合以上的觀察，可以導出

以下的證明。

證明： 在 18 個連續的整數中，一定存在一個 18 的倍數，設為 abc_{10}。因為 abc_{10} 也是 9 的倍數，所以 $a+b+c$ 一定是 9 的倍數（記得 9 的整除法則嗎？一個整數能被 9 整除，若且唯若它的位數總和可以被 9 整除）。由於 $a+b+c$ 的範圍介於 1 至 27，所以 $a+b+c$ 一定等於 9、18 或 27。只有當 $abc_{10} = 999$ 時，$a+b+c$ 才能等於 27，但它不是 18 的倍數。於是，$a+b+c$ 要等於 9 或 18，所以 $a+b+c \mid 18$。由 abc_{10} 的定義知 $18 \mid abc_{10}$ 成立，因此 $a+b+c \mid abc_{10}$ 得證。　□

請記住，若是涉及位數的問題，直接解法通常行不通。一個複雜的公式應要簡化成可以處理的形式。在上述例子中，「任意 18 個連續的整數中一定有一個」可以替換為「任意一個 18 的倍數一定是」，後者結論比較弱，但比較簡單，而且與原問題比較相關（即與整除性有關）。事實證明這是一種很好的嘗試。還需要記住的是，在有限的問題中，所用的策略往往和高等數學用到的不同。例如，我們不把以下公式

$$a+b+c \mid abc_{10}$$

當做典型的數學運算（例如運用模算術），而是基於所有

整數均為三位數的事實來設置 $a+b+c$ 的取值範圍（9、18 或 27），這樣會使上式變得簡單得多：

$$9 \mid abc_{10} \,\text{、}\, 18 \mid abc_{10} \,\text{或}\, 27 \mid abc_{10}$$

的確，儘管邏輯上我們似乎應該先把 abc_{10} 表示成代數形式 $100a+10b+c$，但實際上根本不必這樣做。這種表示形式只會分散我們的注意力，並不能使問題更容易解決。

最後的意見：事實證明，至少要有 18 個連續的整數，才能保證其中存在一個整數可以滿足式（1）；17 個整數行不通，例如考慮 559 至 575 的一組數字（我曾經用電腦做過這個例子，並不需要多少數學技巧）。當然，要解答本題，我們不必知道這一事實。

習題 2.1　在一個室內遊戲中，「魔術師」請一名觀眾先想一個三位數的整數 abc_{10}，然後把 acb_{10}、bac_{10}、bca_{10}、cab_{10} 和 cba_{10} 這五個數加起來，並把總和告訴大家。假定這五個數的總和為 3194，那麼原數 abc_{10} 是多少呢？（提示：先找到一個更適於數學討論的公式來表達這五個數之和，然後用模算術來得到關於 a、b 和 c 的範圍。）

問題 2.2（Taylor, 1989, p.37） 是否存在一個 2 的冪（2 的 n 次方），使其位數重新排列後成為另一個 2 的冪？（首位數不能是 0，例如 0032 是不允許的。）

這個問題涉及 2 的冪以及位數的重排，看起來像一個無法解決的混合問題。這是因為：

（a）位數重排有太多種可能性；

（b）確定 2 的冪的各個位數並非一件容易的事。

這就意謂著我們可能要使用一些特別的方法。

第一步要做的是猜答案。根據它的出處（即這個問題來自數學競賽）推測，這不是一個試誤類型的問題，因此答案也許應該是「不存在」。（不過，透過某種極其精巧的建構法，可以做出一種巧妙的位數重排，但這樣的建構並非易事，所以先選擇一些簡單的方案來猜測。如果猜對了，就可以避免一些無謂的摸索，節省了大量時間；如果你猜錯了，就注定要進行持久而艱苦的努力。這不表示你應該把有價值但有難度的解題方案拋到腦後，而是說在深入研究問題之前，要先做出切合實際的評估。）

　　正如問題 2.1，位數只是一種分散注意力的障眼法。我們只需要知道有關位數和的兩個事實：首先是整除性的條件；其次是對於取值範圍的限制。我們並不想面對引入一個準確的公式所帶來的各種複雜性。這次可能也一樣，我們需要從調換位數 ❷ 的過程所得到的結果來簡化問題。從純邏輯的角度來看，我們不得不證明更多結論，所以問題會進一步複雜化；但在清晰和簡潔方面，我們卻有了進展。（為什麼要讓沒有用的資訊束縛你呢？它們只會分散你的注意力。）

　　因此，只要把 2 的冪與調換位數的主要性質找出來，運氣好的話，就可能找到兩者相互矛盾的性質。讓我們先著手處理較容易的部分，即 2 的冪，它們是：

$$1, 2, 4, 8, 16, 32, 64, 128, 256, 512, 1024, 2048,$$
$$4096, 8192, 16384, 32768, 65536, \ldots$$

這裡看不出有關位數的太多性質。2 的冪的末位數顯然是偶數（1 除外），但是其他位數都是隨機的。以整數 4096 為例，它的一個位數為奇數，兩個位數為偶數，還包括一個 0。它能不能重排成另一個 2 的冪呢？例如，能否重排

---

❷ 譯註：即把一個數字的各個位數調換位置、重新排列，構成另一個數字。

為 2^{4256} = 1523...936 ？你會回答：當然不行！為什麼呢？
因為它太大了！這樣說的話，與數字大小有關係？是的，
2^{4256} 有數千個位數，而 4096 只有四位數。啊哈——所以重
排位數不能改變位數的個數。（寫下任何對解決問題有用
的事實，即使很簡單都要寫，不要以為「顯而易見」的事
實總會在你需要的時候湧現在腦海中。這就像埋得不深的
黃金也要不斷尋找、挖掘才能找到。）

　　能否從這一點兒資訊繼續我們的推廣方案呢？現在，
推廣後的問題是：

> 是否存在一個 2 的冪，使得另一個 2 的冪與其具有相
> 同的位數？

　　令人遺憾的是，對於這個問題，我們可以很快得到一
個肯定的答案，例如 2048 和 4096 就是。可見，我們推廣
得太籠統了。（請注意，對上述問題回答「是的」，並不
意謂著對原問題可以回答「是的」。）再回過頭來看問題
2.1，僅僅知道「一個 18 的倍數的位數和一定是 9 的倍數」
並不足以解決這個問題，我們還需要另一個事實，即「三
位數的位數和最大是 27」。簡而言之，我們還沒有找到夠
多的事實來解決問題。然而，因為我們限制了位數重排的

可能性，所以得到部分的成功。再看 4096 這個例子，它只能重排成另一個四位數。在 2 的冪中只有四個四位數：1024、2048、4096 和 8192，這是因為 2 的冪總是成倍增大，不可能一直停留在同一個「數量級」。事實上，我們很快就可以看到，2 的冪最多只有四個可以具有相同的位數。（在五個連續的 2 的冪中，第五個數是第一個數的 16 倍，所以它的位數一定比第一個數的位數多。）這意謂著，對於每個 2 的冪，最多存在三種其他 2 的冪是由原本 2 的冪重排而成。這樣，我們就取得了一部分勝利：對於每個 2 的冪，只有不超過三種可能性需要排除，而不必再考慮無限多種可能性。也許進一步的努力可以把剩下的可能性排除掉。

前面提到，當我們進行位數調換時，調換後的數字與原數字具有相同的位數個數。但反過來完全不成立，因此位數調換這單一性質本身並不能解決問題。這意謂著我們的推廣走得太遠了，結果更不可能解決問題。我們回過頭來重新觀察位數調換，會發現還有其他一些性質也保留下來。讓我們來看一些例子，仍以 4096 為例，因為對這個數我們已經有了一些認識。所有可能的位數調換為：

4069, 4096, 4609, 4690, 4906, 4960, 6049, 6094, 6409,
6490, 6904, 6940, 9046, 9064, 9406, 9460, 9604, 9640

這些數有什麼共通性呢？它們具有相同的位數集合 ❸。這個結論正確無誤，但「位數集合」在數學上並不是一個很有用的物件（因為有關這個概念的定理和工具不是很多）。然而，位數和卻是一種經典的數學工具。並且，如果兩個數具有相同的位數集合，則它們一定具有相同的位數和。因此我們得到了另一個資訊：位數調換時會保持位數和不變。把這一資訊和我們在前面得到的資訊結合起來，就得到以下的新命題：

> 是否存在一個 2 的冪，使得另一個 2 的冪與其具有相同的位數，以及相同的位數和？

如果這個問題的答案是肯定的，則原問題的答案也是肯定的。這個問題比原問題要容易處理，因為「位數的個數」和「位數和」是標準的數論語言。

記住這些新概念，讓我們來檢視 2 的冪的位數和，並記住我們的新問題是和它有關的，於是得到表 1。

從表 1 中，我們注意到：

---

❸ 譯註：指一個數字的各個位數所組成的集合，例如數字 4069，其位數集合為 $\{4, 0, 6, 9\}$。

表 1

2 的冪			位數和
2^0	=	1	1
2^1	=	2	2
2^2	=	4	4
2^3	=	8	8
2^4	=	16	7
2^5	=	32	5
2^6	=	64	10
2^7	=	128	11
2^8	=	256	13
2^9	=	512	8
2^{10}	=	1024	7
2^{11}	=	2048	14
2^{12}	=	4096	19
2^{13}	=	8192	20
2^{14}	=	16384	22
2^{15}	=	32768	26
2^{16}	=	65536	25
2^{17}	=	131072	14
2^{18}	=	262144	19
2^{19}	=	524288	29
2^{20}	=	1048576	31

- 位數和往往十分小，例如， $2^{17} = 131072$ 的位數和只有 14。因為較小的數會比較大的數容易相等，所以較小的 數並不表示好運。（如果讓 10 個人個別隨機選擇一個二 位數，會有相當大的機會（9.5%）出現一對相同的數； 但如果讓他們從 10 位數中挑選，則只有非常微小的機 會（0.0001%）出現一對相同的數。這簡直和中彩票一 樣不可能。）但是較小的數也有助於找出規律，所以也 許並不全是壞消息。

- 某些位數和是相同的，例如 16 和 1024。然而位數和看 起來是慢慢增大的：你可以想像 2 的 100 次冪的位數和 會比 2 的 10 次冪的位數和大。但請記住，我們的條件 是位數相同的 2 的冪，所以考慮「位數和相同」這種思 路幫助不大。

　　由上述觀察可以得出結論：位數和具有某種顯而易見 的宏觀結構，即隨著冪次 n 的增大而慢慢增大，事實上若 n 很大， 2^n 的位數和極有可能近似於 $(4.5\log_{10} 2)n \approx 1.355n$ （雖然沒有證明）；然而位數和卻有個糟糕的微觀結構， 也就是位數的波動太大了。前面我們提到，「位數集合」 不便於廣泛使用，現在看來，「位數和」也沒有顯現出什 麼效果。那麼，這個問題是否有另一種比較方便處理的簡

化形式呢？

我們在前面曾經提到，「位數和」是數學的一種「經典工具」，但是唯一能使其成為真正「制勝」的方法，是考慮「位數和模 9」。正如要解答問題 2.1 時考慮的一樣，考慮一個整數與其位數和模 9 相等。例如因為 10 等於 1 (mod 9)，所以可得：

$$3297 = 3 \times 10^3 + 2 \times 10^2 + 9 \times 10^1 + 7 \times 10^0 (\text{mod } 9)$$
$$= 3 \times 1^3 + 2 \times 1^2 + 9 \times 1^1 + 7 \times 1^1 (\text{mod } 9)$$
$$= 3 + 2 + 9 + 7 \ (\text{mod } 9)$$

根據這樣的考慮，修改後的新問題變為：

> 是否存在一個 2 的冪，使得有另一個 2 的冪與其具有相同的位數，以及位數和模 9 也相同？

利用「一個數等於它的位數和模 9」的事實，我們可以把上述問題重新敘述為：

> 是否存在一個 2 的冪，使得有另一個 2 的冪與其具有相同的位數，以及模 9 有相同的餘數？

　　請注意，「位數重新排列」、「位數集合」和「位數和」這幾個討厭的概念就這樣被躲開了，新的問題看起來有望得到解決。

　　讓我們對先前列舉的 2 的冪的位數和（表 1）進行修改，看看能得到些什麼資訊（見下頁表 2）。

　　我們需要證明，並沒有兩個 2 的冪具有相同的位數及相同的模 9 餘數。從表 2 可以看到，若干個 2 的冪具有相同的模 9 餘數，例如 1、64、4096 和 262144，但這四個數並沒有相同的位數。具有相同模 9 餘數的 2 的冪確實彼此相距較遠，不可能位數相同。事實上，具有相同模 9 餘數的 2 的冪看起來排列得非常有規律。我們很容易看出，2 的冪的模 9 餘數是每 6 個重複一次。這個猜測用模算術很容易給出證明：

$$2^{n+6} = 2^n 2^6 = 2^n \times 64 = 2^n (\mathrm{mod}\ 9)$$

這裡我們用到了 64 =1 (mod 9)。上述結果表明，2 的冪的模 9 餘數會如循環小數一樣無限地循環重複下去：1, 2, 4, 8, 7, 5, 1, 2, 4, 8, 7, 5, 1, 2, 4, 8, 7, 5,...。這一列循環重複的數字還表明，兩個具有相同的「位數和模 9」的 2 的冪，一定相差至少 6 步。但是因為這樣，兩個數至少相差 64 倍，所以它們不可能位數相同。因此，不存在兩個 2 的冪具有相

表 2

2 的冪		模 9 的餘數
2^0 =	1	1
2^1 =	2	2
2^2 =	4	4
2^3 =	8	8
2^4 =	16	7
2^5 =	32	5
2^6 =	64	1
2^7 =	128	2
2^8 =	256	4
2^9 =	512	8
2^{10} =	1024	7
2^{11} =	2048	5
2^{12} =	4096	1
2^{13} =	8192	2
2^{14} =	16384	4
2^{15} =	32768	8
2^{16} =	65536	7
2^{17} =	131072	5
2^{18} =	262144	1
2^{19} =	524288	2
2^{20} =	1048576	4

同的位數以及相同的位數和模 9。這樣，我們就已經證明了修改後的問題，於是可以反推回去，對原問題做出解答，並寫出完整的證明。

證明：假定存在兩個 2 的冪，可以透過位數調換而由一個得到另一個。這意謂著它們位數相同，以及有相同的位數和模 9。但是位數和模 9 是週期為 6 的一列數，而且在任一已知的週期內沒有重複，所以這兩個 2 的冪至少相差 6 步。因此，它們就不可能位數相同，這與假設矛盾。 □

透過不斷簡化，問題中不能用的、不好用的資訊，都會讓更自然、更靈活和更便於使用的概念所替代。這個簡化過程可能具有一點偶然性，因為總是有簡化過度或簡化不當（走上歧途）的可能性。但是在上述問題中，幾乎任何處理方法都比翻來覆去地進行位數調換好得多，所以簡化不可能使情況變得更糟。也許有時調整和簡化會使你白費力氣，但如果真的束手無策，任何方法都值得一試。

2.2 丟番圖方程式

丟番圖（Diophantus）方程式是所有變數均為整數的

一類代數方程式 ❹（例如 $a^2 + b^2 = c^2$ 就是典型的一個）。
通常的目標是尋找方程式所有的解。一般說來，即使要求
所有變數均為整數，方程式也會存在不只一個解。求解這
類方程式可以用代數方法，也可以用整數除法、模算術和
整數的因數分解法等數論中的方法。這裡有一個例子：

問題 2.3　（Australian Mathematics Competition, 1987, p.15）
對於非零整數 a 和 b（且 $a+b \neq 0$），請求出滿足方程
式 $1/a + 1/b = n/(a+b)$ 的所有整數 n。

　　這是一個標準的丟番圖方程式，所以我們可以先用乘
法消去分母，得到

$$(a+b)/ab = n/(a+b)$$

從而得到

$$(a+b)^2 = nab \qquad (2)$$

接下來該做什麼呢？我們可以忽略 n 而說：

$$ab \,|\, (a+b)^2$$

---

❹ 譯註：丟番圖方程式不必然是代數方程式，例如問題 2.4。

（這裡用了曾在問題 2.1 用過的整除符號「|」）或者集中考慮 nab 是一個平方數的事實。這些想法都不錯，但對這一問題不一定有效，因為式（2）等號兩邊的關聯不夠強：左邊是平方數，右邊是乘積。

解題時要始終牢記的是，應該暫時放棄很有趣但效果不佳的方法，而去嘗試更有希望的方法。我們可以先嘗試代數方法；如果不成功，再使用數論技巧。把式（2）展開，並合併同類項，可以得到

$$a^2 + (2-n)ab + b^2 = 0$$

如果你大膽地用二次方程求根公式，可得

$$a = \frac{b}{2}\left[(n-2) \pm \sqrt{(n-2)^2 - 4}\right]$$

上式看起來非常複雜，但實際上我們可以有效利用這種複雜性。我們知道 a、b 和 n 是整數，而且上式有一個平方根，因此平方根中的項 $(n-2)^2 - 4$ 必然是一個完全平方數。而這就意謂著，一個平方數減 4 是另一個平方數。這是非常嚴格的限制。由於最初的幾個平方數之後，兩個平方數的間隔都比 4 大，所以我們只需要檢驗幾個較小的 n 值。結果發現 $(n-2)^2$ 一定是 4，故 n 為 0 或 4。下面我們

分別討論這兩種情形，對每種情形給予相應的解，或者證明這樣的解不存在。

情形 1：$n=0$。把 $n=0$ 代回式（2），得到 $(a+b)^2=0$，所以 $a+b=0$。但是原方程式就出現了無效的 0/0，這是無意義的。所以，n 不能為 0。

情形 2：$n=4$。由式（2）得到 $(a+b)^2=4ab$，整理後得到 $a^2-2ab+b^2=0$。對該式進行因數分解，得到 $(a-b)^2=0$，故 a 一定等於 b。這並不產生矛盾：把 $a=b$、$n=4$ 代入式（2），原方程式成立。

因此，我們的答案是 $n=4$。二次方程求根公式通常很笨拙，透過它求解並不是一種好方法。但因為它引入了一個平方根項，而這一項必須是一個完全平方數，所以有時也能派上用場。

一旦某個變數出現於指數，丟番圖問題可能變得極其難解。最著名的是費馬最後定理：對於 $n>2$，$a^n+b^n=c^n$ 不存在自然數解。幸好有些牽涉到指數的問題比較容易處理，如下面的問題：

> **問題** 2.4（Taylor, 1989, p.7） 求出 $2^n + 7 = x^2$ 的所有解，
> n 和 x 是整數。

　　這類問題通常需要反覆試驗才能夠找到正確的解決途徑。對於丟番圖方程式，最初等的方法就是模算術和因式分解。模算術可把整個方程式轉化為恰當的模的關係式，其中模數有時是常數（例如 (mod 7) 或 (mod 16) ），而有時是變數（例如 (mod pq) ）；因式分解可以把問題轉化成（因數）×（因數）＝（易處理的運算式）的形式，等號右邊可以是常數（這是最理想的狀況）、質數、平方數，或是其他只存在有限種可能因數的項。例如在問題 2.3 中，我們先考慮上述兩種方法，不過後來傾向於代數方法，實際上也是由因式分解技巧喬裝而成。（還記得最終得到 $(n-2)^2 - 4 =$（平方數）嗎？）

　　這時最好先試一試初等技巧，也許可以避免等一下陷入泥沼。我們也可以放棄這兩種初等方法，而嘗試分析下面這個近似方程式：

$$x = \sqrt{2^n + 7} \approx 2^{n/2}$$

　　這個方程可能涉及若干高深的數論知識，例如連分數、培爾方程式（Pell's equation）、遞迴關係等。問題雖

可以得到解決，但我們希望找到一種漂亮的（即省事的）解法。

　　如果 n 不是偶數，則幾乎不可能得到某種有用的因式分解。為此我們可以假定 n 是偶數，因而得到兩個平方數的差（在丟番圖方程式中，這是至關重要的技巧）：

$$7 = x^2 - 2^n = (x - 2^m)(x + 2^m)$$

其中 $m = n/2$。於是，我們可以說 $x - 2^m$ 和 $x + 2^m$ 是 7 的因數，它們一定為 -7、-1 或 1、7。進一步分解討論，很快可以證明每種情形都不會有解（如果假定 n 是偶數）。利用因式分解法，只能得到 n 必須是奇數這一資訊，不能告訴我們真正的解，以及到底有幾個解。

　　接下來考慮模算術方法。基本策略是利用模來消去一項或若干項。例如，我們可以把它寫成模 x 的方程式：

$$2^n + 7 = 0 \ (\mathrm{mod} \ x)$$

或者模 7 的方程式：

$$2^n = x^2 \,(\mathrm{mod} \ 7)$$

可惜，這些方法都行不通。但是在放棄之前，還有一個模數可以一試。我們已經嘗試消去 7 和 x^2 這兩個項，那麼能

否消去 2^n 這一項呢？答案是肯定的。例如選擇模 2，當 $n > 0$ 時，我們可以得到：

$$0 + 7 = x^2 (\text{mod } 2)$$

而 $n = 0$ 時，可得到：

$$1 + 7 = x^2 (\text{mod } 2)$$

這種嘗試沒有太差，n 已經幾乎消去了。但是問題還沒有得到解決，因為等號右邊的項 x^2 可以是 0 或 1，實際上還沒有排除任何可能性。為了限制 x^2 的值，我們不得不選擇另一個模數。根據這條線索，即要限制上式等號右邊 x^2 的值，則應考慮嘗試選取模 4，而不是模 2：

$$2^n + 7 = x^2 (\text{mod } 4)$$

換句話說，我們得到：

$$0 + 3 = x^2 (\text{mod } 4) \text{（當 } n > 1 \text{）} \qquad (3)$$
$$2 + 3 = x^2 (\text{mod } 4) \text{（當 } n = 1 \text{）} \qquad (4)$$
$$1 + 3 = x^2 (\text{mod } 4) \text{（當 } n = 0 \text{）} \qquad (5)$$

因為 x^2 一定是 0 (mod 4) 或 1 (mod 4)，故可以排除式（3）成立的可能性。這就意謂著 n 只能是 0 或 1。經過簡單的

驗證，顯示 n 只能是 1，而 x 一定是 +3 或 –3。

　　要找出丟番圖方程式的所有解時，主要想法是排除所有其他可能性後，留下有限個可能性。這就是 (mod 7) 和 (mod x) 行不通的另一個原因，因為它們會排除所有的可能性。而運用 (mod 4) 時，我們排除了絕大部分可能性，只剩下少數幾種可能情形。

> **習題 2.2**　　請找出最大的正整數 n，使得 $n^3 + 100$ 可以被 $n+10$ 整除。（提示：嘗試用 (mod $n+10$)，並利用 $n = -10 \ (\text{mod } n+10)$ 的事實消去 n。）

2.3 冪和

> **問題 2.5**（Hajós 等，1963, p.74）　　證明對任意的非負整數 n，$1^n + 2^n + 3^n + 4^n$ 可以被 5 整除，若且唯若 n 不能被 4 整除。

　　乍看之下，這個問題有點令人望而生畏，因為上述式子可能會讓人想起費馬最後定理，而眾人皆知它是不可解的。但實際上我們的問題容易得多。我們希望證明某個特定的數可以（或不可以）被 5 整除。除非直接運用因式分

解有明顯優勢，否則我們會用模算術方法。（也就是說，證明對於不能被 4 整除的 n，$1^n + 2^n + 3^n + 4^n = 0 \pmod 5$，否則 $1^n + 2^n + 3^n + 4^n \neq 0 \pmod 5$。）

由於這裡涉及的數字比較小，因此我們可以手工計算 $1^n + 2^n + 3^n + 4^n \pmod 5$ 的某些值。最好的處理方法是先分別求出 $1^n \pmod 5$、$2^n \pmod 5$、$3^n \pmod 5$ 和 $4^n \pmod 5$，然後再相加，見表 3。

表 3

n	1^n (mod 5)	2^n (mod 5)	3^n (mod 5)	4^n (mod 5)	$1^n + 2^n + 3^n + 4^n$ (mod 5)
0	1	1	1	1	4
1	1	2	3	4	0
2	1	4	4	1	0
3	1	3	2	4	0
4	1	1	1	1	4
5	1	2	3	4	0
6	1	4	4	1	0
7	1	3	2	4	0
8	1	1	1	1	4

顯然表 3 存在某種週期性。事實上，1^n、2^n、3^n 和 4^n 的變化都以 4 為週期。為了證明這一猜測，我們只需運用週期性的定義。例如考慮 3^n，以 4 為週期就意謂著：

$$3^{n+4} = 3^n \pmod 5$$

因為 $81 = 1 \pmod 5$，所以上式很容易得證：

$$3^{n+4} = 3^n \times 81 = 3^n \pmod 5$$

同樣可以證明 $1^n \pmod 5$、$2^n \pmod 5$ 和 $4^n \pmod 5$ 的週期也是 4，這意謂著 $1^n + 2^n + 3^n + 4^n \pmod 5$ 的週期也是 4。於是，我們的問題只需對 $n = 0$、1、2、3 的情形進行證明，因為其他情形均可由週期性推出。但我們已經證明了命題對於這些情形都是成立的（請見表 3），所以證明結束。（順便提一下，如果假定 n 是奇數，則有更初等的證明方法，即對某些項進行簡單的配對和抵消。）

所證的方程式若只包含一個參數（這個例子是 n），則週期性往往是一種便捷的工具。我們不必對參數的所有可能數值進行驗證，只需驗證一個週期（例如 $n = 0$、1、2 和 3）就足夠了。

習題 2.3　如果 x 和 y 是整數，證明方程式 $x^4 + 131 = 3y^4$ 沒有解。

下面我們轉而考慮一個更棘手的有關冪和的問題：

> **** 問題 2.6**（Shklarsky 等, 1962, p.14） 設 k 和 n 是自
> 然數，k 是奇數。證明：$1^k + 2^k + \cdots + n^k$ 這個總和可以
> 被 $1 + 2 + \cdots + n$ 整除。

　　順便提一下，這個問題是白努利多項式（Bernoulli polynomials）的典型練習（或餘數定理的一些巧妙應用）。白努利多項式是數學之中一個很有趣的部分，有多種應用。但是在沒有白努利多項式（或黎曼 ζ 函數）這樣的有效工具時，我們只能回到樸素、古老的數論。

　　首先，我們知道 $1 + 2 + \cdots + n$ 可寫成 $n(n+1)/2$ 的形式。該用哪種形式呢？前一種比較有美感，但在整除性問題中不太好用（如果可以的話，把除數用乘積表示，總比表示為一個和式好用）。如果 $1^k + 2^k + \cdots + n^k$ 可以因式分解成包含 $1 + 2 + \cdots + n$ 的項，可能會有用，不過這樣的分解並不存在（至少不是顯而易見的）。另外，如果透過某種方式可以把 $1 + 2 + \cdots + n$ 的整除性和 $1 + 2 + \cdots + (n+1)$ 的整除性聯繫起來，歸納法也許行得通，但看起來可能性也不大。因此，我們將嘗試 $n(n+1)/2$ 這個運算式。

　　我們的目標是用模算術（這是證明一個數能整除另一個數的最靈活的方法）表示為：

$$1^k + 2^k + \cdots + n^k = 0 \ (\text{mod} \ n(n+1)/2)$$

讓我們忽略 $n(n+1)/2$ 的 2，試圖證明以下形式的命題：

（因數 1）×（因數 2）|（運算式）

如果兩個因數是互質的，則目標等於要分別證明

（因數 1）|（運算式）和（因數 2）|（運算式）

這使證明變得比較簡單，因為除數變小，證明整除性會變得比較容易。但是還有一個討厭的「2」礙事。為了對付它，我們將根據 n 是偶數和奇數分成兩種情形 ❺。這兩種情形十分相似，我們只討論 n 是偶數的情形。在這種情形中，我們可以把 n 記為 $n = 2m$（這是為了避免被下列方程式中討厭的項「$n/2$」分散注意力，這類順手的清理工作有助於解答的順利進行）。用 $2m$ 替換所有的 n，得到：

$$1^k + 2^k + \cdots + (2m)^k = 0 \ (\text{mod} \ m(2m+1))$$

但因為 m 和 $2m + 1$ 是互質的，上式就等同於

---

❺ 作者註：另一種方法是將等號的兩邊同時乘以 2，如此一來，我們需要證明 $2(1^k + 2^k + \cdots + n^k) = 0 \ (\text{mod} \ n(n+1))$。其後與書中討論的方法基本上相同。

$$1^k + 2^k + \cdots + (2m)^k = 0 \ (\text{mod} \ (2m+1))$$

和

$$1^k + 2^k + \cdots + (2m)^k = 0 \ (\text{mod} \ m)$$

讓我們先處理 $(\text{mod} \ 2m+1)$ 的部分。它與問題 2.5 十分相似，但因為我們知道 k 是奇數，所以要容易些。運用模 $2m+1$ 時，$2m$ 等於 -1，$2m-1$ 等於 -2，以此類推。所以我們的運算式 $1^k + 2^k + \cdots + (2m)^k$ 變為

$$1^k + 2^k + \cdots + (m)^k + (-m)^k + \cdots + (-2)^k + (-1)^k \ (\text{mod} \ (2m+1))$$

我們這樣做，是為了進行一些有用的抵消。k 是奇數，故 $(-1)^k = -1$，所以 $(-a)^k = -a^k$。這樣做的結果是，上面和式中的各項可以配對並消去：2^k 和 (-2^k) 抵消，3^k 和 (-3^k) 抵消，等等。最後只餘下一項 $0 \ (\text{mod} \ 2m+1)$，這正是我們要證明的。

然後我們需要處理 $(\text{mod} \ m)$ 的部分。也就是說，我們需要證明

$$1^k + 2^k + 3^k + \cdots + (m-1)^k + m^k + (m+1)^k$$
$$+ \cdots + (2m-1)^k + (2m)^k = 0 \ (\text{mod} \ m)$$

要做模 m 時，上式的某些項可以簡化： m 和 $2m$ 都等於 0 ，
$m+1$ 等於 1 ， $m+2$ 等於 2 ，等等。所以上式等號左邊可以
簡化為

$$1^k + 2^k + 3^k + \cdots + (m-1)^k + 0^k + 1^k + \cdots + (m-1)^k + 0 \ (\mathrm{mod}\, m)$$

其中若干項出現了兩次，透過合併同類項（並捨棄 0 ），
我們得到：

$$2(1^k + 2^k + 3^k + \cdots + (m-1)^k) \ (\mathrm{mod}\, m)$$

於是幾乎可以與 $(\mathrm{mod}\, 2m+1)$ 情形做同樣的處理，只是 m
為偶數時有點麻煩。如果 m 是奇數，那麼上式可以重新表
達為：

$$2(1^k + 2^k + 3^k + \cdots + ((m-1)/2)^k + (-(m-1)/2)^k$$
$$+ \cdots + (-2)^k + (-1)^k) \ (\mathrm{mod}\, m)$$

然後可以如前進行同樣的抵消處理。但是，如果 m 是偶數
（設 $m = 2p$ ），則會有一個中間項 p^k ，它不能和任何項相
互抵消。換句話說，這樣一來運算式不能立即變成 0 ，但
經過抵消後變成：

$$2p^k \ (\mathrm{mod}\ 2p)$$

上式顯然等於 0。所以，無論 m 是奇數還是偶數，我們都已經證明：如果 n 是偶數，則 $1^k + 2^k + \cdots + n^k$ 可以被 $n(n+1)/2$ 整除。

> **習題 2.4** n 是奇數時，請為上述問題做出完整證明。

下面轉向一種特殊類型的冪次和問題：倒數和。

> **問題 2.7**（Shklarsky 等，1962, p.17） 設 p 為大於 3 的質數，證明分數和
>
> $$\frac{1}{1} + \frac{1}{2} + \frac{1}{3} + \cdots + \frac{1}{p-1}$$
>
> 的既約分子可以被 p^2 整除。例如 $p = 5$ 時，分數
>
> $$\frac{1}{1} + \frac{1}{2} + \frac{1}{3} + \frac{1}{4} = \frac{25}{12}$$
>
> 的分子顯然可被 5^2 整除。

　　這是「證明……」型問題，而不是「求……（值）」或「是否存在……」型問題，因此答案應該不是完全不可能的。然而，我們需要證明一個關於「分數和」約分後得到的分子的結論，這不是一件容易的事！我們需要把這個

分子轉化成某種比較標準的形式，例如一個代數運算式，
以便容易處理。而且，這個問題不只要求能被質數整除，
還要求被質數的平方數整除。這大大增加了問題的難度。
為了使這個問題容易解決，我們要以某種方法把問題轉
化，變成只與質數的整除性有關。

　　透過對問題的觀察，我們確定了以下目標：

（a）把分子表達成一個便於處理的數學運算式；
（b）把 p^2 的整除性問題轉化為比較簡單的問題，例如變
　　　成 p 的整除性問題。

　　讓我們先處理目標（a）。首先，得到分子很容易，
但得到的分子可能不是一個既約分子。找到公分母做通
分，把分子加起來，我們得到：

$$\frac{[2\times3\times\cdots\times(p-1)+1\times3\times\cdots\times(p-1)+\cdots+1\times2\times3\times\cdots\times(p-2)]}{(p-1)!}$$

假定能證明上式的分子可被 p^2 整除，那麼如何幫助我們
證明約分後的既約分子也可以被 p^2 整除呢？首先，既約
分子是什麼？它是對原本的分子和分母進行約分而得到。
約分是否會破壞 p^2 的整除性呢？如果 p 的某個倍數被約

分掉就有可能。但是因為分母和 p 是互質的（p 是質數，而且 $(p-1)!$ 可以表示為小於 p 的數的乘積），所以 p 的倍數不會被約分。啊哈！這就意謂著，我們只需證明上式那個醜醜的分子可以被 p^2 整除就行了。這樣做比取其他形式的分子有效，因為現在只需證明這個關係式：

$$2 \times 3 \times \cdots \times (p-1) + 1 \times 3 \times \cdots \times (p-1) + \cdots$$
$$+ 1 \times 2 \times 3 \times \cdots \times (p-2) = 0 \pmod{p^2}$$

（我們再次轉到模算術，這通常是證明一個數能整除另一個數的最佳方法。但如果問題涉及多個整除性，例如要求被某個數的所有除數整除，有時其他技巧比較有效。）

雖然我們得到一個關係式，但它很複雜，需要進一步簡化。關係式等號左邊是許多不確定乘積的不確定和（這裡「不確定」僅是指運算式中有「…」），不過我們可以把這個不確定乘積表示得更清楚些。設 i 是 1 和 $p-1$ 之間的一個數，每個不確定乘積都是把從 1 到 $p-1$ 之間除了 i 之外的所有數乘起來而得到的，所以可表達成更簡潔的形式 $(p-1)!/i$。因為 i 和 p^2 是互質的，所以在模 p^2 下除以 i 是允許的。於是我們的目標變為證明

$$\frac{(p-1)!}{1} + \frac{(p-1)!}{2} + \frac{(p-1)!}{3} + \cdots + \frac{(p-1)!}{p-1} = 0 \pmod{p^2}$$

我們對上式進行因式分解，得到

$$(p-1)!\left(\frac{1}{1}+\frac{1}{2}+\frac{1}{3}+\cdots+\frac{1}{p-1}\right) = 0 \;(\mathrm{mod}\; p^2) \qquad (6)$$

（請記住，我們在進行模算術運算，所以像 1/2 這樣的數等同於整數，例如 $1/2 = 6/2 = 3 \;(\mathrm{mod}\; 5)$。）

　　現在我們得到了以下形式的關係式：

$$（因數 1）\times（因數 2）= 0 \;(\mathrm{mod}\; p^2)$$

如果不是在做模算術，我們可以說上式的某個因數為零。做模算術時，幾乎也可以這麼說，但必須要慎重。幸好第一個因數 $(p-1)i$ 和 p^2 是互質的（因為 $(p-1)i$ 和 p 是互質的），故可以去掉。這樣做的結果是式（6）等同於

$$\frac{1}{1}+\frac{1}{2}+\frac{1}{3}+\cdots+\frac{1}{p-1} = 0 \;(\mathrm{mod}\; p^2)$$

（請注意，上式和原來的問題看起來非常類似，唯一的不同在於這裡考慮的是整個分數，而不只是分子。沒有細心的思考，我們不能從一種形式直接跳到另一種形式，所以上述複雜的推導是必要的。）

　　我們已經把問題簡化，現在要證明一個看起來比較舒服的模算術關係式。但是接下來該做什麼呢？也許舉一個

例子會有所幫助。讓我們考慮題目所給的例子，即 $p = 5$ 的情形。我們會希望看到

$$\frac{1}{1} + \frac{1}{2} + \frac{1}{3} + \frac{1}{4} = 1 + 13 + 17 + 19 \ (\mathrm{mod}\ 25) = 0 \ (\mathrm{mod}\ 25)$$

但上式成立的原因是什麼呢？數字 1、13、17 和 19 看起來是隨機的，加起來卻「神奇地」恰好是我們想要的結論。也許這是巧合吧。再嘗試 $p = 7$ 的情形：

$$\frac{1}{1} + \frac{1}{2} + \frac{1}{3} + \frac{1}{4} + \frac{1}{5} + \frac{1}{6} = 1 + 25 + 33 + 37 + 10 + 41 \ (\mathrm{mod}\ 49)$$
$$= 0 \ (\mathrm{mod}\ 49)$$

同樣有「好運氣」。怎麼會這樣呢？我們並不清楚所有的項如何在模 p^2 下相互抵消。牢記目標（b），我們可以先證明 $(\mathrm{mod}\ p)$ 的情形，也就是說，先證明

$$\frac{1}{1} + \frac{1}{2} + \frac{1}{3} + \cdots + \frac{1}{p-1} = 0 \ (\mathrm{mod}\ p) \tag{7}$$

即使得不到什麼啟發，也不失為一種有益的嘗試。（而且如果不能解決 $(\mathrm{mod}\ p)$ 的情形，那麼根本就沒有機會解決 $(\mathrm{mod}\ p^2)$ 的情形。）

　　事實上，證明關係式（7）要容易得多，因為它比較簡單。例如 $p = 5$ 時，

$$\frac{1}{1}+\frac{1}{2}+\frac{1}{3}+\frac{1}{4} = 1+3+2+4 \text{ (mod 5)}$$
$$= 0 \text{ (mod 5)}$$

而 $p = 7$ 時，

$$\frac{1}{1}+\frac{1}{2}+\frac{1}{3}+\frac{1}{4}+\frac{1}{5}+\frac{1}{6} \text{ (mod 7)} = 1+4+5+2+3+6 \text{ (mod 7)}$$
$$= 1+2+3+4+5+6 \text{ (mod 7)}$$
$$= 0 \text{ (mod 7)}$$

現在，某種規律顯現出來了：倒數 1/1, 1/2,..., 1/$(p-1)$ 恰好覆蓋了所有的餘數 1, 2,..., $(p-1)$(mod p) 一次。例如在上述 $p = 7$ 的等式之中，$1+4+5+2+3+6$ 可以重新排列成為 $1+2+3+4+5+6$ 的形式，在模 7 下，這個數為 0。再驗證 p 更大時的例子，在模 11 下可以得到

$$\frac{1}{1}+\frac{1}{2}+\cdots+\frac{1}{10} = 1+6+4+3+9+2+8+7+5+10 \text{ (mod 11)}$$
$$= 1+2+3+4+5+6+7+8+9+10 \text{ (mod 11)}$$
$$= 0 \text{ (mod 11)}$$

這告訴我們，透過把倒數重新排成這種有序的形式，可以很巧妙地解決模 p 的問題。然而，這不能很容易就推廣到模 p^2 的情形。與其拚命地把一塊方積木塞進一個圓洞裡（雖然用上足夠大的力氣也能塞進去），還不如找一塊稍微圓一點的積木。因此，我們要做的就是找出能夠證明

$1/1 + 1/2 + \cdots + 1/(p-1) = 0 \pmod{p}$ 的另一種方法，希望它至少可以部分地推廣到 $(\bmod \, p^2)$ 的情形。

我們解決這類問題的經驗現在該派上用場了。例如，透過問題 2.6，我們得知對稱性或反對稱性可能會有用，特別是在模算術中。在證明關係式（7）的過程中，用 -1 替換 $p-1$、用 -2 替換 $p-2$ 等等，我們得到

$$\frac{1}{1} + \frac{1}{2} + \frac{1}{3} + \cdots + \frac{1}{p-1} = \frac{1}{1} + \frac{1}{2} + \frac{1}{3} + \cdots + \frac{1}{-3} + \frac{1}{-2} + \frac{1}{-1} \pmod{p}$$

然後可以很容易地配對並抵消（由於 p 是奇質數，所以沒有不成對的「中間項」）。我們能否在 $(\bmod \, p^2)$ 的情形進行同樣的處理呢？答案是「稍微可以」。求解 $(\bmod \, p)$ 的問題時，我們把 $1/1$ 和 $1/(p-1)$、$1/2$ 和 $1/(p-2)$ 等等，進行配對。試圖在 $(\bmod \, p^2)$ 的情形中配對時，得到

$$\frac{1}{1} + \frac{1}{2} + \cdots + \frac{1}{p-1}$$

$$= \left(\frac{1}{1} + \frac{1}{p-1}\right) + \left(\frac{1}{2} + \frac{1}{p-2}\right) + \cdots + \left(\frac{1}{(p-1)/2} + \frac{1}{(p+1)/2}\right)$$

$$= \frac{p}{1 \times (p-1)} + \frac{p}{2 \times (p-2)} + \cdots + \frac{p}{(p-1)/2 \times (p+1)/2}$$

$$= p\left[\frac{1}{1 \times (p-1)} + \frac{1}{2 \times (p-2)} + \cdots + \frac{1}{(p-1)/2 \times (p+1)/2}\right] \pmod{p^2}$$

猛一看，上式似乎變得更複雜而不是更簡單了。但是我們在上式等號右邊得到一個非常重要的因數 p。因此，我們不必證明

$$（運算式）= 0 \ (\text{mod} \ p^2)$$

只需證明

$$（p \times 運算式）= 0 \ (\text{mod} \ p^2)$$

這就等同於證明形式如同

$$（運算式）= 0 \ (\text{mod} \ p)$$

的關係式。換言之，我們把 $(\text{mod} \ p^2)$ 的問題簡化成 $(\text{mod} \ p)$ 的問題，這就實現了前面給的目標（b）。雖然這裡的運算式稍微顯得複雜了些，但問題簡化成模較小的情形還是很值得的。

由於 $(\text{mod} \ p)$ 比 $(\text{mod} \ p^2)$ 可以消去更多項，所以運算式看起來愈來愈複雜只是一種錯覺。現在，只需證明

$$\frac{1}{1 \times (p-1)} + \frac{1}{2 \times (p-2)} + \cdots + \frac{1}{(p-1)/2 \times (p+1)/2} = 0 \ (\text{mod} \ p)$$

但 $p-1 = -1 \ (\text{mod} \ p)$、$p-2 = -2 \ (\text{mod} \ p)$ 等，故上式簡化為

$$\frac{1}{-1^2} + \frac{1}{-2^2} + \cdots + \frac{1}{-((p-1)/2)^2} = 0 \ (\text{mod } p)$$

或等同於

$$\frac{1}{1^2} + \frac{1}{2^2} + \cdots + \frac{1}{((p-1)/2)^2} = 0 \ (\text{mod } p)$$

除了等號左邊最後一項令人有些意外（即 $1/((p-1)/2)^2$，而不是如 $1/(p-1)^2$ 那樣更自然的項），上式還不算太糟。利用 $(-a)^2 = a^2 \ (\text{mod } p)$ 這一事實，對上式「加倍」可以得到

$$
\begin{aligned}
&\frac{1}{1^2} + \frac{1}{2^2} + \cdots + \frac{1}{((p-1)/2)^2} \\
&= \frac{1}{2}\left[\frac{1}{1^2} + \frac{1}{2^2} + \cdots + \frac{1}{((p-1)/2)^2} \right. \\
&\quad \left. + \frac{1}{(-1)^2} + \frac{1}{(-2)^2} + \cdots + \frac{1}{(-(p-1)/2)^2} \right] (\text{mod } p) \\
&= \frac{1}{2}\left[\frac{1}{1^2} + \frac{1}{2^2} + \cdots + \frac{1}{(p-1)^2} \right] (\text{mod } p)
\end{aligned}
$$

所以證明 $1/1^2 + 1/2^2 + \cdots + 1/((p-1)/2)^2 = 0 \ (\text{mod } p)$，就等同於證明 $1/1^2 + 1/2^2 + \cdots + 1/(p-1)^2 = 0 \ (\text{mod } p)$。由於後者具有更好的對稱性，處理起來比較容易。（對稱性最好保留，

直到其作用得到充分發揮；反對稱性則消除得愈早愈好。）

所以為了證明原問題，我們只需證明

$$\frac{1}{1^2} + \frac{1}{2^2} + \cdots + \frac{1}{(p-1)^2} = 0 \pmod{p} \tag{8}$$

因原問題涉及分子和 p^2 的整除性（這是很強的性質，故很難處理），而上式只涉及 p 的整除性，所以比原問題要好處理得多。

我們已經實現了所有的戰術目標，並做了適當簡化，接下來該做什麼呢？現在的問題看起來與前面考慮的另一個關係式（7）緊密相關，但我們並沒有原地繞圈。現在的目標是證明式（8），包含著原問題，而證明式（7）只是一個附帶問題，要比原問題簡單。我們希望朝著答案盤旋前進，而不是原地轉圈。既然已經證明了式（7），能否用同樣的方法證明式（8）呢？

幸運的是，我們已經有了兩種證明式（7）的方法：一種是把倒數重新排列的方法；另一種是配對抵消的方法。配對抵消法對式（7）有效，但對式（8）行不通，主要原因是分母中的平方數會產生對稱性，而不是反對稱性。然而，倒數重排法對式（7）和（8）都有效可行。再以 $p = 5$ 為例（這樣就可以利用某些前面的工作）：

$$\frac{1}{1^2}+\frac{1}{2^2}+\frac{1}{3^2}+\frac{1}{4^2}=1^2+3^2+2^2+4^2 \ (\mathrm{mod}\, 5)$$
$$=1^2+2^2+3^2+4^2 \ (\mathrm{mod}\, 5)$$
$$=0 \ (\mathrm{mod}\, 5)$$

$p=5$ 時這個方法可行，也可用於一般情形。從以上的例子可以看出，在模 p 下，餘數類 $1/1,\ 1/2,\ 1/3,...,\ 1/(p-1)$ 恰好是 $1,\ 2,\ 3,...,\ p-1$ 的重新排列。這個事實的證明將會出現在討論的最後。所以，我們可以說：在模 p 下，$1/1^2$，$1/2^2$，...，$1/(p-1)^2$ 恰好是 1^2，2^2，3^2，...，$(p-1)^2$ 的重新排列。換句話說，

$$\frac{1}{1^2}+\frac{1}{2^2}+\frac{1}{3^2}+\cdots+\frac{1}{(p-1)^2}$$
$$=1^2+2^2+3^2+\cdots+(p-1)^2 \ (\mathrm{mod}\, p)$$

上式消去了求和時令人頭痛的倒數，所以比較容易處理了。事實上利用標準公式（很容易由歸納法證明）

$$1^2+2^2+\cdots+n^2=\frac{n(n+1)(2n+1)}{6}$$

我們可以求出這個和式，所以證明式（8）就轉化為證明

$$\frac{(p-1)p(2p-1)}{6} = 0 \pmod{p}$$

當 p 是大於 3 的質數時，很容易證明上式成立，因為在這種情形中，$(p-1)(2p-1)/6$ 是個整數。

我們成功了。透過不斷轉化，關係式變得愈來愈簡單，直到再也不能簡化為止。這個過程有點兒冗長，但對於這類非常複雜的問題，逐步簡化的方法有時是求解的唯一途徑。

最後來證明：在模 p 下，倒數 $1/1$, $1/2$,..., $1/(p-1)$ 是 1, 2,..., $(p-1)$ 的一個置換。這等同於說，模 p 的每個非零餘數，都是唯一一個模 p 的非零餘數的倒數。這是很顯而易見的。

> **習題** 2.5　設 n 是一個整數，$n \geq 2$，證明：$\dfrac{1}{1}+\dfrac{1}{2}+\cdots+\dfrac{1}{n}$ 不是一個整數。解題時，你需要使用伯特假設（Bertrand's postulate，實際上是一個定理）：對於任意已知的正整數 n，至少存在一個 n 和 $2n$ 之間的質數。再做進一步挑戰，不用伯特假設來證明此題。

> ***習題2.6** 設 p 是一個質數,而 k 是一個不能被 $p-1$ 整除的正整數。證明:$1^k + 2^k + 3^k + \cdots + (p-1)^k$ 可以被 p 整除。(提示:由於 k 可能是偶數,所以消去技巧不見得派得上用場;然而,重排技巧還是有效的方法。設 a 是 Z/pZ 的一個生成元,使得當 k 不是 $p-1$ 的倍數時,$a^k \neq 1 \,(\mathrm{mod}\, p)$。然後用兩種不同的方法計算運算式 $a^k + (2a)^k + \cdots + ((p-1)a)^k \,(\mathrm{mod}\, p)$ 的值。)

第 3 章
代數和數學分析中的例子

我們不得不承認……這些數學公式是獨立存在的，擁有它們自身的智慧……比我們聰穎，甚至比發現它們的人更加聰穎……我們從中獲取的，要比最初為它們付出的更多。

——德國物理學家赫茲（Heinrich Hertz, 1857-1894）

　　大多數人想到數學就會想到代數。從某種意義來講，
這是有道理的。數學要研究抽象的物件，例如數值的、邏
輯的或幾何的物件，它們要滿足一組精心選擇的公理。初
等代數研究的是滿足上述數學定義的最簡單且有意義的物
件，只包含大約十幾個假定，卻足以構成一個具有完美對
稱性的體系。請看我偏愛的一個代數恆等式作為例子：

$$1^3 + 2^3 + 3^3 + \cdots + n^3 = (1 + 2 + 3 + \cdots + n)^2$$

這意謂著，前幾位自然數的立方之和必然是一個平方數，
例如 $1 + 8 + 27 + 64 + 125 = 225 = 15^2$。

　　代數有不只一種形式，基本上是研究具有加、減、
乘、除運算的數字。數學中有很多種代數系統，例如矩陣
代數同樣具有這四種運算，但研究的物件是一組數字，而
不是一個數字。其他的代數則使用其他各種運算和各種
「數」，但令人驚奇的是，它們有很多性質與初等代數相
同。例如在某種特殊的條件下，方陣 A 滿足以下的代數方
程式

$$(I - A)^{-1} = I + A + A^2 + A^3 + \cdots$$

代數是大部分應用數學的基礎，力學、經濟學、化學、電
子學、最優化等領域的問題都可以用代數和微分學（這是

代數的高等形式）來解決。事實上，代數是如此重要，以
至於它的大部分奧祕都已經揭開，所以可以放心地安排在
高中課程中學習。然而，我們不時可以從中找到一些尚未
發現的小奧祕。

3.1 函數的分析

和代數一樣，分析學也是一門受到廣泛研究的學科。
本質上，分析學研究函數及其性質；函數的性質越複雜，
分析起來就越「高深」。分析學的最低層次是研究滿足簡
單代數性質的函數，例如考慮一個函數 $f(x)$，滿足：

$f(x)$ 是連續的，$f(0)=1$，且對於所有的實數 m、n，
$$f(m+n+1) = f(m)+f(n) \tag{9}$$

然後推斷這個函數的性質。在這個例子中，恰好存在一個
滿足條件的函數，即 $f(x) = 1+x$。我們把它的證明留做練
習。這類問題是學習用數學方法思考問題的一條很好的途
徑，因為題目中只有一兩條資訊可供使用，所以解題方向
非常明確。這類問題可看做是一種「袖珍數學」，只需要
用到幾個「公理」（即資訊），而不是有幾十個公理和不
計其數的定理需要考慮。然而，它同樣會帶給我們驚喜。

> **習題 3.1**　設 f 是一個從實數到實數的函數，並滿足條件（9）。證明：對所有實數 x，有 $f(x)=1+x$。（提示：首先對整數 x 證明這個結論，然後討論有理數 x，最後考慮實數 x。）

> *** 問題 3.1**（Greitzer, 1978, p.19）　假設 f 是一個把正整數映射到正整數的函數，使得對於所有正整數 n，滿足 $f(n+1) > f(f(n))$。證明：對於所有正整數 n，$f(n)=n$。

　　這個問題看起來沒有給予足以證明結論的資訊，畢竟怎麼可能用一個不等式來證明一個等式呢？其他的此類問題（例如習題 3.1）一般都涉及函數方程式，這樣比較容易處理，因為可以運用不同的代入法和類似的方法，逐漸把原始資訊轉換成一種便於處理的形式。然而，問題 3.1 看起來完全不同。

　　仔細閱讀題目，我們會注意到本題函數取的是整數值，而不像大多數問題常常是映射到實數的函數方程式。利用這一優勢，可以立即構成一個「更強的」不等式：

$$f(n+1) \geq f(f(n))+1 \tag{10}$$

現在來看看可以從中推導出什麼結論。處理這類關係式的標準方法是把變數代入恰當的值。於是從 $n=1$ 入手：

$$f(2) \geq f(f(1)) + 1$$

猛一看，這並沒有告訴我們太多有關 $f(2)$ 或 $f(1)$ 的資訊，但不等式右邊的 +1 提示我們 $f(2)$ 不可能太小。事實上，由於 f 映射到正整數，$f(f(1))$ 一定至少為 1，所以 $f(2)$ 至少為 2。需要證明的是 $f(2)=2$，因此我們的努力方向也許是對的。（盡量利用更能接近目標結論的策略。萬一所有可能的直接方法都行不通，才考慮間接法，或者偶爾嘗試回溯法。）

我們能不能證明 $f(3)$ 至少等於 3 呢？再運用不等式（10），得到 $f(3) \geq f(f(2)) + 1$。同樣的，我們可以說 $f(3)$ 至少為 2，但能否得出更強的結論呢？前面曾說過 $f(f(1))$ 至少為 1，也許可以證明 $f(f(2))$ 至少為 2。（實際上，因為我們「心中」知道 $f(n)$ 最終應等於 n，所以也就知道 $f(f(2))$ 應等於 2。然而因為不可以利用要證的結果，所以現在不能用這個結論。）沿著這一思路，可以再通過不等式（10）得到

$$f(3) \geq f(f(2)) + 1 \geq f(f(f(2)-1)) + 1 + 1 \geq 3$$

　　這裡我們用 $f(2)-1$ 替代了不等式（10）中的 n。因為已經知道 $f(2)-1$ 至少等於 1，所以上式成立。

　　看起來可以推導出 $f(n) \geq n$ 了。因為我們用 $f(2)$ 至少為 2 的事實證明了 $f(3)$ 至少等於 3，所以正式的證明應利用歸納法。

　　在這裡，運用歸納法需要一點技巧。考慮接下來的情形，也就是要證明 $f(4) \geq 4$。由不等式（10），我們知道 $f(4) \geq f(f(3))+1$。由於 $f(3) \geq 3$，為了讓 $f(f(3))+1 \geq 4$，我們需要推導 $f(f(3)) \geq 3$。而要想證明它，就需要有「如果 $n \geq 3$，則 $f(n) \geq 3$」的結論。證明這一類結論最便捷的途徑，是把它包含在我們要證明的歸納結論中。更確切地說，我們將證明：

引理 3.1：對於所有的 $m \geq n$，$f(m) \geq n$。

證明：對 n 運用歸納法。

- 基礎情形（$n=1$）：我們已知 $f(m)$ 是一個正整數，所以 $f(m)$ 至少為 1。故結論顯然成立。

- 歸納遞推：假設引理對 n 成立，於是我們試圖證明對於所有 $m \geq n+1$，$f(m) \geq n+1$。那麼對任意的 $m \geq n+1$，由不等式（10）可得 $f(m) \geq f(f(m-1))+1$。由於 $m-1 \geq n$，所以 $f(m-1) \geq n$（由歸納假設得出的結果）。進而，既

然 $f(m-1) \geq n$ ，再由歸納假設得到 $f(f(m-1)) \geq n$ 。因此 $f(m) \geq f(f(m-1))+1 \geq n+1$ ，由歸納法可知，引理 3.1 成立。 □

再考慮引理 3.1 的特殊情形 $m = n$ ，就得到次要目標：

$$對於所有正整數 n \, , \quad f(n) \geq n \qquad （11）$$

接下來該做什麼呢？正如所有關於函數方程式的問題一樣，一旦有了新結果就應該應用一番，嘗試把它與前面的結果結合起來。之前唯一的結果是不等式（10），所以把新的結果代入其中。在不等式（11）中用 $f(n)$ 代替 n ，就可以得到下面有用的結果：

$$f(n+1) \geq f(f(n))+1 \geq f(n)+1$$

換句話說

$$f(n+1) > f(n)$$

這是一個很有用的關係式，它意謂著 f 是一個嚴格遞增函數！（不過從不等式（10）來看，這並不是顯而易見的吧？）於是得到 $f(m) \geq n$ 若且唯若 $m > n$ 。這說明我們原來的不等式

$$f(n+1) > f(f(n))$$

可以表達為

$$n+1 > f(n)$$

由此及不等式（11），就證明了我們的結論。

問題 3.2 （Australian Mathematics Competition, 1984, p.7）
假設 f 是一個定義在全體正整數上取整數值的函數，
並具有以下性質：
（a） $f(2) = 2$
（b）對於所有正整數 m 和 n，$f(mn) = f(m)f(n)$
（c）如果 $m > n$，則 $f(m) > f(n)$
求 $f(1983)$ 的值，並提出理由。

　　我們需要找出 f 的一個特定值。最好的方法是設法推算 f 所有的值，而不僅僅是 $f(1983)$。（1983 只是問題提出的年分而已。）當然，這裡假定 f 僅有一個解。但這個問題暗示了一個事實：$f(1983)$ 只有一個可能值（否則答案就不是唯一了，再因為 1983 是一個很普通的數字，我們有理由猜測 f 只有一個解。）

那麼，f 有什麼性質呢？我們知道 $f(2)=2$，反覆應用性質（b），得到 $f(4)=f(2)f(2)=4$，$f(8)=f(4)f(2)=8$ 等。實際上，簡單的歸納能證明對所有的 n，$f(2^n)=2^n$。所以當 x 是 2 的冪時，$f(x)=x$。也許 $f(x)=x$ 對於所有的 x 都成立。對 $f(x)=x$ 驗證性質（a）、（b）和（c），就可以看出 $f(x)=x$ 是滿足這三條性質的一個解。所以，如果我們認為 f 只有這樣的一個解，就一定是它了，因此可以證明一個更廣義且更清晰的命題：

> 從正整數到整數並滿足性質（a）、（b）和（c）的唯一函數是恆等函數（即對所有的 n，$f(n)=n$）。

因此我們需要證明：如果 f 滿足性質（a）、（b）和（c），則 $f(1)=1$，$f(2)=2$，$f(3)=3$，等等。首先，我們來證明 $f(1)=1$（對於函數方程式，應先嘗試一些小的值，從而對這個問題找到一點「感覺」）。由性質（c）我們知道 $f(1)<f(2)$，還知道 $f(2)=2$，所以 $f(1)<2$。由性質（b）（取 $n=1$、$m=2$），我們得到

$$f(2)=f(1)f(2)$$

從而得到

$$2 = 2f(1)$$

這意謂著 $f(1)$ 一定等於 1，與我們想要的一樣。

現在已經有了 $f(1) = 1$ 和 $f(2) = 2$ ，那麼 $f(3)$ 呢？性質（a）無濟於事，而性質（b）只意謂著 $f(3)$ 可以用來表示 $f(6)$ 或 $f(9)$ 等其他數，也沒有太大的幫助。由性質（c）得到

$$f(2) < f(3) < f(4)$$

又 $f(2) = 2$ 、 $f(4) = 4$ ，故

$$2 < f(3) < 4$$

但 2 和 4 之間的唯一整數為 3，所以 $f(3)$ 一定是 3。

這給我們提供了一條線索： $f(3)$ 等於 3，只因為 $f(3)$ 是一個整數。（這與問題 3.1 中的 $f(n+1) > f(f(n))$ 類似。看出是怎麼回事了嗎？）如果沒有這一項限制， $f(3)$ 可以是 2.1、3.5 或任何其他值。現在讓我們看看能否更頻繁地利用這一線索。

現在已經知道 $f(4) = 4$ ，下一步求解 $f(5)$ 。我們希望用處理 $f(3)$ 的方法來確定 $f(5)$ 。由性質（c）得到

$$f(4) < f(5) < f(6)$$

而 $f(4)=4$ ，但 $f(6)$ 呢？不用擔心，6 等於 2 乘 3，所以 $f(6)=f(2)f(3)=2\times3=6$ 。由於 $f(5)$ 是 4 和 6 之間的整數，故必定為 5。這種策略看起來很順利，我們已經確定直到 $n=6$ 的 $f(n)$ 的所有值。

因為我們是依靠舊結果得到新結論，所以這一般性的證明感覺上有很強的歸納法味道。又因為我們需要的不僅僅是前一個結果，而是前面的若干個結果，所以可能需要使用所謂的強歸納法（strong induction）。

經分析，要解決問題 3.2，需先證明以下命題：

引理 3.2：對於所有的正整數 n ， $f(n)=n$ 。

證明：我們要運用強歸納法。首先驗證基礎情形： $f(1)=1$ 嗎？是的，我們已證明過這一結論。接下來假設 $m\geq2$ ，且對於所有小於 m 的正整數 n ， $f(n)=n$ 。我們想要證明 $f(m)=m$ 。觀察若干例子後不難發現，我們需要把問題分成兩種情形來考慮： m 是偶數和 m 是奇數。

情形 1： m 是偶數。這時可以把 m 記為 $m=2n$ （ n 為正整數）， n 小於 m 。由強歸納假設得到 $f(n)=n$ ，所以 $f(m)=f(2n)=f(2)f(n)=2n=m$ ，正是我們想要證明的。

情形 2： m 是奇數。我們可以把 m 寫成 $m=2n+1$ 。由性質（c）得到 $f(2n)<f(m)<f(2n+2)$ 。 $n+1$ 和 $2n$ 都小於

m，所以由強歸納假設得到 $f(2n)=2n$ 和 $f(n+1)=n+1$。再由性質（b）得到 $f(2n+2)=f(2)f(n+1)=2(n+1)=2n+2$，故不等式變為

$$2n < f(m) < 2n+2$$

從而得到 $f(m)=2n+1=m$。這正是我們想要的結果。

　　無論是哪種情形，$f(m)=m$ 都是成立的，於是利用強歸納法，我們證明了 $f(n)$ 等於 n。　　　　　　　□

　　所以問題 3.2 的答案一定是 $f(1983)=1983$，太棒了！

習題 3.2　如果用較弱的條件「（a'）對至少一個整數 $n \geq 2$，$f(n)=n$」來替代（a），請證明問題 3.2 仍然可以求解。

*　**習題** 3.3　如果允許 $f(n)$ 取實數，而不只是整數，證明問題 3.2 仍然可以求解。（提示：首先以不同的整數 n、m 比較 $f(2^n)$ 和 $f(3^m)$，來證明 $f(3)=3$。）再來進一步的挑戰，利用這個假設，並用性質（a'）替代性質（a），求問題 3.2 的解。

習題3.4 （1986年國際數學奧林匹亞競賽，第 5 題）

設 f 是把非負實數映射到非負實數的函數，求所有滿足下列條件的 f（如果存在的話）：

（a）對所有非負實數 x 和 y，$f(xf(y))f(y) = f(x+y)$

（b）$f(2) = 0$

（c）$f(x) \neq 0$，當 $0 \leq x < 2$ 時

（提示：第一個條件涉及函數值的乘積，而其他兩個條件涉及函數為零〔或不是零〕。那麼函數值的乘積等於零時，可以得到什麼結論呢？）

3.2 多項式

很多代數問題與含有一個或多個變數的多項式有關，所以讓我們先回顧這類多項式的若干定義和結論。

一元多項式記做 $f(x)$，是具有以下形式的函數：

$$f(x) = a_n x^n + a_{n-1} x^{n-1} + a_{n-2} x^{n-2} + \cdots + a_1 x + a_0$$

或者比較標準的形式記做

$$f(x) = \sum_{i=0}^{n} a_i x^i$$

a_i（$i = 1, 2, ..., n$）是常數（本書總是假定它們為實

數），且假定 a_n 不為零。我們稱 n 為多項式 f 的次數。

多元多項式沒有一元多項式那樣漂亮的形式，但還是十分有用。例如，假定有三個變數，則 $f(x, y, z)$ 稱為三元多項式，具有以下形式：

$$f(x, y, z) = \sum_{k,l,m} a_{k,l,m} x^k y^l z^m$$

$a_{k,l,m}$ 是（實）常數；這裡的求和符號，表示對所有滿足 $k + l + m \leq n$ 的非負整數 k、l 和 m 求和，並且假定至少有一個非零的 $a_{k,l,m}$ 滿足 $k + l + m = n$。 n 稱為 f 的次數。次數為 2 的多項式稱為二次多項式，次數為 3 的多項式稱為三次多項式，依此類推。如果次數為 0，就稱多項式是平凡的或常數。如果所有非零的 $a_{k,l,m}$ 都滿足 $n = k + l + m$，就稱多項式是齊次的。對於所有的 x_1，x_2,..., x_m 和 t，齊次多項式 f 滿足

$$f(tx_1, tx_2, ..., tx_m) = t^m f(x_1, x_2, ..., x_m)$$

例如， $x^2 y + z^3 + xz$ 是含有三個變數（ x、y 和 z ）的多項式，而且次數為 3。因為 xz 項的次數為 2，所以它不是齊次的。

含有 m 個變數的多項式 f，若對於所有的 x_1，x_2,..., x_m

都滿足 $f(x_1,...,x_m) = p(x_1,...,x_m)q(x_1,...,x_m)$，就稱 f 被因式分解為兩個多項式 p 和 q 的乘積，其中 p 和 q 稱為 f 的因式。要證明一個多項式的次數等於其因式的次數之和是很容易的。如果一個多項式不能分解為非平凡的因式乘積，就稱它是不可約的。

使得 $f(x_1,...,x_m) = 0$ 的一組值 $(x_1,...,x_m)$，稱為多項式 $f(x_1,...,x_m)$ 的根。一元多項式的根的個數可以與多項式的次數一樣多。事實上，如果把重根和複根計算在內，一元多項式的根的個數恰好等於多項式的次數。例如二次多項式 $f(x) = ax^2 + bx + c$ 的根，可以由下面眾所周知的二次方程求根公式得到：

$$x = \frac{-b \pm \sqrt{b^2 - 4ac}}{2a}$$

三次和四次多項式也有關於根的公式，但是複雜得多，在實際問題中不是很有用。五次和更高次的多項式就沒有根的初等公式了！而含有兩個或更多個變數的多項式甚至更糟，這樣的多項式通常有無窮多個根。

一個因式的所有的根，是原多項式所有的根的一個子集。要判定一個多項式能否整除另一個多項式時，這是非常有用的資訊，特別因為 a 是 $x - a$ 的根，所以 $f(x)$ 可以被

$x-a$ 整除，若且唯若 $f(a)=0$。而且對於任意的一元多項式 $f(x)$ 和任意實數 t ， $x-t$ 可以整除 $f(x)-f(t)$ 。

讓我們考慮若干與多項式有關的例題。

問題 3.3（Australian Mathematics Competition, 1987, p.13）

設 a、b、c 是滿足

$$\frac{1}{a}+\frac{1}{b}+\frac{1}{c}=\frac{1}{a+b+c} \tag{12}$$

的實數，上式的所有分母都不等於零。證明

$$\frac{1}{a^5}+\frac{1}{b^5}+\frac{1}{c^5}=\frac{1}{(a+b+c)^5} \tag{13}$$

這個問題乍看很簡單。題目只給了一個條件，所以應該可以透過一步步的邏輯推導來直接證明結論。想從式（12）推導出式（13），一個最初的想法是要把式（12）的兩邊都上升到 5 次冪，使它與所要證明的結果更為接近，然而這樣做會導致等號左邊的項變得非常複雜。看起來也沒有其他顯而易見的處理方法，所以直接推導方法只能到此為止。

再觀察一下，會發現式（12）很會騙人，它很像高中生常被告誡不要輕易利用的那類關係式，因為那些式子常

會使人誤入歧途。這就給了我們第一條有用的線索：式
（12）應對 a、b、c 的取值多一點約束。所以，重新考慮
式（12）可能是必要的。

　　取公分母應是一個好的開端。把等號左邊的三個倒數
相加，我們得到

$$\frac{ab+bc+ca}{abc} = \frac{1}{a+b+c}$$

再交叉相乘得到

$$ab^2 + a^2b + a^2c + ac^2 + b^2c + bc^2 + 3abc = abc \qquad （14）$$

到了這一步，有人可能會想讓以下各種不等式派上用場，
如柯西－許瓦爾茲不等式（Cauchy-Schwarz inequality）、算
術平均值－幾何平均值不等式（Hardy 1975, pp. 33-34）之
類。如果 a、b、c 限制為正的也許有幫助，但題目並沒
有提供這樣的約束。事實上，這個條件不能成立，因為如
果 a、b 和 c 都為正數，那麼 $1/(a+b+c)$ 比等式（12）等號
左邊的三個倒數都要小。

　　由於式（14）等同於式（12），而且在代數意義上式
（14）比較簡單（式（14）不包含倒數），所以我們可以
嘗試從式（14）來推導出式（13）。在這種情況下，直接

方法也是不可行的。要想從若干個關係式推導出另一個關
係式，通常唯一的途徑是證明一個中間結果，或做某種有
用的變數替換。（還有一些不尋常的方法，例如把式（12）
看做是函數 $(1/a)+(1/b)+(1/c)-1/(a+b+c)$ 的等值線，然後
利用微積分知識，得到這條等值線的形狀和性質；但最好
還是堅持嘗試一些初等方法。）

　　變數替換法看起來不是理想的選擇，因為式（12）或
式（14）本身已足夠簡潔，變數替換法很難使它們變得更
簡潔，因此我們要設法猜測並證明一個中間結果。這個中
間結果最好用參數表示，因為這樣可以直接把參數代入所
要證明的關係式中。參數化的一種方法是解出其中一個變
數，例如 a。從式（14）解出 a 並不容易（除非你願意使
用二次方程求根公式），而從式（12）確實可以解出 a。
透過依次解出 a、b 和 c，並推出一個中間結果，就可以
證明我們的問題。（這個中間結果恰好等同於我們將在下
面提供的結果。它本該如此，不是嗎？）但是在這裡，我
將嘗試其他解法。

　　放棄參數化，就可以把式（14）改寫成一種更好的形
式。滿足式（14）的解，本質上就是多項式

$$a^2b+b^2a+b^2c+c^2b+c^2a+a^2c+2abc \qquad （14'）$$

的根。處理多項式的根的最佳方法是對多項式進行因式分解（反之亦然）。那麼它的因式是什麼呢？我們知道式（14）必須以某種方式來推導出式（13），所以應該很確定，式（14）必然有某種便於運算的形式，用它可以導出式（13），而一個多項式唯一便於運算的形式是對它做因式分解。為了找出因式，我們需要做一些嘗試。由於多項式（14'）是齊次的，故因式也應是齊次的；這個多項式是對稱的，故因式也應是相互對稱的；這個多項式是三次的，故應存在一個線性因式。於是我們應檢驗如同 $a+b$、$a-b$、a、$a+b+c$、$a+b-c$ 的因式（$a+2b$ 之類也可能成立，但不太簡潔，所以可留到後面再嘗試）。這樣很快可以看出（從因式定理），$a+b$ 是該三次多項式的因式，還可以得到 $b+c$ 和 $c+a$ 也是該三次多項式的因式。由此很容易驗證多項式（14'）可以因式分解為 $(a+b)(b+c)(c+a)$。這意謂著，式（12）成立，若且唯若 $a+b=0$ 或 $b+c=0$ 或 $c+a=0$。將每一種可能的解代入式（13），即可證明所要的結果。

習題 3.5 因式分解 $a^3+b^3+c^3-3abc$。

習題3.6　找出滿足 $a+b+c+d=0$ 和 $a^3+b^3+c^3+d^3=24$ 的所有整數 a、b、c、d。（提示：這兩個方程的某些解並不難猜，但為了證明你找到所有解，必須把第一個方程式代入第二個方程式，然後進行因式分解。）

　　多項式的可分解或不可分解性是一個充滿魅力的數學課題。接下來的問題很有啟發性，因為要解答它，幾乎用到了本書的所有技巧。

** 問題 3.4　證明：任一具有如下形式的多項式
$$f(x) = (x-a_1)^2(x-a_2)^2 \cdots (x-a_n)^2 + 1$$
不能因式分解成兩個非平凡多項式的乘積，其中 a_0，$a_1, ..., a_n$ 是兩兩不同的整數。

　　這是一個相當一般性的命題。例如，它說多項式

$$(x-1)^2(x+2)^2 + 1 = x^4 + 2x^3 - 3x^2 - 4x + 5$$

不能分解出其他整係數的多項式因式。我們該如何證明這個命題呢？

　　假若 $f(x)$ 可分解成兩個整係數的非平凡多項式 $p(x)$ 和 $q(x)$ 的乘積，那麼對於所有的 x，$f(x) = p(x)q(x)$。這可是

個重要的資訊。但是請記住，f 具有一種特性：它是某個平方式加 1。我們該如何利用這一性質呢？我們可以說 $f(x)$ 總是正的（或者甚至可以說 $f(x) \geq 1$），但這除了說明 $p(x)$ 和 $q(x)$ 符號相同外，並沒有提供太多資訊。然而我們還有另一條資訊：f 並不只是任意通常意義的平方式加 1，其中的平方式是若干個線性因式 $(x - a_i)$ 的乘積取平方。我們能否利用這些對我們有利的 $(x - a_i)$ 呢？

利用因式的最好方法是它等於 0，因為這樣可使整個運算式為 0。（當然，有時這個因式等於 0 是最不希望看到的，因為你會想消去這個因式。）當 $x = a_i$ 時，$x - a_i = 0$，於是我們想到用 a_i 替代 x，從而得

$$f(a_i) = \cdots (a_i - a_i)^2 \cdots + 1 = 1$$

回到 $p(x)$ 和 $q(x)$，上式就意謂著

$$p(a_i)q(a_i) = 1$$

而這又意謂著什麼呢？如果我們忘記 p 和 q 具有整係數，也不記得 a_i 是整數，那它就幾乎沒什麼意義了。上式的關鍵是 $p(a_i)$ 和 $q(a_i)$ 都是整數，因此我們得到兩個整數相乘等於 1 的結論。這只可能在兩個整數同時為 +1 或 –1 時發生。簡而言之，對於所有的 $i = 0, 1, \cdots, n$，

$$p(a_i) = q(a_i) = \pm 1$$

我們應該注意這裡的符號「±」。舉例來說，現在我們僅知道 $p(a_1)$ 和 $q(a_1)$ 相等，但是 $p(a_1)$ 和 $p(a_2)$ 的符號也許相同，也可能相反。

我們幾乎已經確定了 $p(a_1)$,..., $p(a_n)$ 和 $q(a_1)$,..., $q(a_n)$ 的值，因此多項式 p 和 q 都在 n 個點上被「固定」了。但是，首項係數為 1 的多項式僅有與它的次數相等的自由度。因為 $pq = f$，所以 p 的次數加 q 的次數等於 f 的次數 $2n$。這意謂著其中一個多項式，設為 p，它的次數最多為 n。總之，我們得到了一個次數最多為 n、但在 n 個點上已被約束的多項式。看來有希望利用這些事實來導出一個矛盾之處，這就是我們要進一步研究的。

對於一個次數最多為 n 的多項式，我們了解些什麼？它最多有 n 個根。而對於 p 的根，我們又了解些什麼？p 是 f 的因式，所以 p 的根也是 f 的根。f 的根是什麼？它根本沒有根（至少在實數軸上沒有根）！這是因為 f 總是正的（事實上，它總是至少為 1），所以沒有根。這就意謂著 p 也沒有根。一個多項式沒有根的幾何意義是什麼呢？它意謂著多項式的圖像不會穿過 x 軸，也就是說，它不會改變符號。換言之，p 總是正的或者總是負的。這樣

我們只需考慮兩種情形，但如果注意到由其中一種情形可推出另一種情形，就可以省些力氣。實際上，如果我們有一種因式分解 $f(x) = p(x)q(x)$，自然也就有了另一種因式分解：$f(x) = (-p(x))(-q(x))$。所以，如果 p 總是負的，我們也可以對這一分解式的因式都取負號，得到一種新的分解，使得 p 總是正的。

因此，我們可以假定 p 總是正的，也不失一般性。我們已經知道 $p(a_1) = +1$ 或 -1，現在又知道它還是正的，所以對於所有的 i，$p(a_i)$ 一定為 $+1$。而且因為 $q(a_i)$ 必定等於 $p(a_i)$，所以對於所有的 i，$q(a_i)$ 也必定為 $+1$。接下來要做什麼呢？

$p(x)$ 和 $q(x)$ 都必定要取全少 n 次 $+1$ 的值，這一結論可以從根的角度來重新敘述如下：$p(x)-1$ 和 $q(x)-1$ 都至少有 n 個根。但是因為 $p(x)$ 的次數最多為 n，所以 $p(x)-1$ 的次數最多也是 n。這意謂著只有當 $p(x)-1$ 的次數恰好為 n 時，$p(x)-1$ 才可能有 n 個根。於是 $p(x)$ 的次數為 n，從而 $q(x)$ 的次數也是 n。

小結一下到目前為止我們所掌握到的資訊：我們假設 $f(x) = p(x)q(x)$；p 和 q 都是次數為 n，且取值為正的整係數多項式，而且對於所有的 i，$p(a_i) = q(a_i) = 1$，也就是 $p(a_i)-1 = q(a_i)-1 = 0$。於是我們知道 $p(x)-1$ 的根就是 a_i。

因為 $p(x)-1$ 最多只可能有 n 個根，所以這 n 個兩兩不同的 a_i 是 $p(x)-1$ 僅有的根。這意謂著 $p(x)-1$ 具有以下形式：

$$p(x)-1 = r(x-a_1)(x-a_2)\cdots(x-a_n)$$

同樣的，$q(x)-1$ 具有以下形式：

$$q(x)-1 = s(x-a_1)(x-a_2)\cdots(x-a_n)$$

r 和 s 是某兩個常數。為了解更多有關 r 和 s 資訊，請記住 p 和 q 都是整係數多項式。$p(x)-1$ 的首項係數是 r，$q(x)-1$ 的首項係數是 s，這表示 r 和 s 一定是整數。

現在我們把 $p(x)$ 和 $q(x)$ 的這些運算式代入原有的運算式 $f(x)=p(x)q(x)$ 中，得到

$$(x-a_1)^2(x-a_2)^2\cdots(x-a_n)^2 + 1 = (r(x-a_1)(x-a_2)\cdots(x-a_n)+1)$$
$$\times(s(x-a_1)(x-a_2)\cdots(x-a_n)+1)$$

上式聯繫著兩個明確已知的多項式，接下來最好比較一下係數。

比較 x^n 的係數我們得到 $1=rs$。因為 r 和 s 都是整數，所以有 $r=s=+1$ 或 $r=s=-1$。讓我們先假設 $r=s=1$。上面的多項式等式變為

$$(x-a_1)^2(x-a_2)^2\cdots(x-a_n)^2+1=((x-a_1)(x-a_2)\cdots(x-a_n)+1)$$
$$\times((x-a_1)(x-a_2)\cdots(x-a_n)+1)$$

透過展開和消去處理，上式變為

$$2(x-a_1)(x-a_2)\cdots(x-a_n)=0$$

這是十分荒謬的結論（因上式必須對所有的 x 成立）。而對 $r=s=-1$ 時的討論是類似的。證畢。

習題 3.7 證明：多項式 $f(x)=(x-a_1)(x-a_2)\cdots(x-a_n)-1$ 不能分解成兩個次數較低的整係數多項式的乘積，其中 a_i 是兩兩不同的整數。（提示：假設 $f(x)$ 可分解為兩個多項式 $p(x)$ 和 $q(x)$ 的乘積，考慮 $p(x)+q(x)$。請注意，這種特殊的策略也可用於問題 3.4，但事實上不是很有效。）

習題 3.8 設 $f(x)$ 是一個整係數多項式，且 a、b 是整數。證明：僅當 a、b 是相鄰的整數時，$f(a)-f(b)$ 才可能等於 1。（提示：對 $f(a)-f(b)$ 進行因式分解。）

第 4 章
歐幾里得幾何

當埃斯奇勒斯 ❶ 為人們所遺忘時，阿基米德依然受人銘記，這是因為語言
會死，數學思想卻能永保青春。

——哈代（G. H. Hardy, 1877-1947），

《一個數學家的辯白》（*A Mathematician's Apology*）

---

❶ 譯註：埃斯奇勒斯（Aeschylus, 約 525-456BC）是古希臘著名悲劇作家，
一生創作了約 70 部劇作。

　　歐幾里得幾何學可說是第一個具有現代風格（用到假設、定義、定理等）的數學分支。即使到現在，歐幾里得幾何學仍保持著邏輯性強且結構嚴密的傳統。它有若干基本的結果，可以很有系統地處理並解決有關幾何物件和幾何思想的問題，這些思想與解析幾何結合時發揮得淋漓盡致。解析幾何把點、線、三角形和圓形放進劃分為四部分的平面座標系，把幾何問題很自然地轉化為代數問題。但幾何真正的美，在於它能反覆運用顯而易見的事實，藉以準確無誤地證明看起來不很明顯的結論。我們以泰勒斯定理（Thales' theorem）為例做說明（歐幾里得 III, 31）。

定理 4.1（泰勒斯定理）：圓的直徑所對應的圓周角必然是直角。換句話說，在圖 1 中，$\angle APB = 90°$。

證明：設 O 為圓心。連接線段 OP，就把 $\triangle APB$ 分成兩個等腰三角形（因為 $|OP|=|OA|$ 且 $|OP|=|OB|$，在這裡我們用 $|AB|$ 表示線段 AB 的長度）。利用「等腰三角形的兩底角相等」及「三角形的內角和為 180 度」，得到

$$\angle APB = \angle APO + \angle OPB = \angle PAO + \angle PBO = \angle PAB + \angle PBA$$
$$= 180° - \angle APB$$

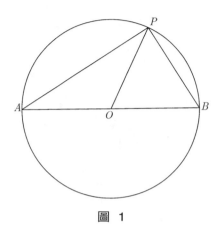

圖 1

所以 ∠APB 一定是直角。　　　　　　　　　　　□

　　幾何問題經常出現這樣的情況：一些結論你可以透過畫圖、測量角度或長度來驗證，卻不能立即給出證明。例如以下定理：一個四邊形的四條邊的中點總是構成一個平行四邊形。像這樣的結論，肯定能夠說明它本身的某些內在結構。

問題 4.1（Australian Mathematics Competition, 1987, p.12）

設 ΔABC 是圓的內接三角形，其三個內角 ∠A、∠B、∠C 的角平分線分別與圓相交於點 D、E、F。證明：AD 垂直於 EF。

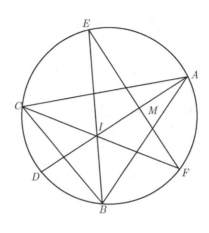

圖 2

　　證明的第一步當然是畫張示意圖（圖 2），並把已知資訊盡量標出。我們也標出三角形的內心 I（三條角平分線的交點，它會是很重要的），以及 AD 與 EF 的交點 M（即是我們想要證明是直角的地方）。這樣就可以將需要證明的目標寫成一個等式：$\angle AMF = 90°$。

　　這是一個很直觀的問題，示意圖很容易畫，結論在圖中也十分明顯。這樣的問題用直接方法可能就行得通。

　　我們需要計算點 M 處的角。乍看之下，M 點並沒有什麼特別，但是補充一些資訊後就會發現，我們已經獲得了有關其他角的豐富資訊，這主要歸功於各個角平分線以及三角形和圓。也許只要求得足夠多的角，我們就可能求出 $\angle AMF$。另外，我們有許多定理可以利用：三角形的內

角和為 180°、一段弧上的弦所對應的圓周角都相等、三角形的三條角平分線共點等。

我們需從某些角入手。注意「主」三角形是 ΔABC，而所有關於角平分線、圓以及其他資訊都圍繞著這個三角形，所以最好從這個三角形的角 $\alpha = \angle BAC$、$\beta = \angle ABC$、$\gamma = \angle BCA$（習慣上用希臘字母來標記角）開始討論。當然，我們知道 $\alpha + \beta + \gamma =180°$，還可以添加許多其他角的資訊，例如 $\angle CAD = \alpha /2$（最好是你自己動手畫一張草圖，並標出角度），這樣就可以利用三角形的內角和為 180° 這一事實，計算出其他內角。例如，如果 I 是 ΔABC 的內心（AD、BE 和 CF 的交點），考慮 ΔAIC，很容易就可以得到 $\angle AIC =180° - \alpha /2 - \gamma /2$。事實上，除了在點 M 處的那些角外，我們幾乎可以得到所有相關的角，不過點 M 處的角才是真正想要求得的。因此，我們必須使用與點 M 無關的角，來表示在點 M 處的角。這很容易做到，例如可以把期望等於 90° 的 $\angle IMF$ 寫成

$$\angle IMF =180° - \angle MIF - \angle IFM =180° - \angle AIF - \angle CFE$$

由於 $\angle AIF$ 和 $\angle CFE$ 比 $\angle IMF$ 容易計算得多，所以上式進了一步。的確，我們知道

$$\angle AIF =180° - \angle AIC = \alpha /2 + \gamma /2$$

再因為等長的弦所對應的圓周角相等，所以我們又有

$$\angle CFE = \angle CBE = \beta/2$$

因此

$$\angle IMF = 180° - \alpha/2 - \beta/2 - \gamma/2 = 180° - 180°/2 = 90°$$

這就是我們想要的結論。

　　直接計算角度很適合用來解出某些幾何問題。角通常比邊容易計算（計算邊要處理各種繁瑣的正弦、餘弦定理），計算法則也比較容易記憶。對於與邊長無關、但與許多三角形和圓（尤其是等腰三角形）有關的問題，這種方法最為有效。但是對於一些比較難求的角，你通常需要先計算出許多其他的角。

問題 4.2（Taylor, 1989, p.8, Q1）　在 ΔBAC 中，$\angle B$ 的角平分線交 AC 於點 D，$\angle C$ 的角平分線交 AB 於點 E。這兩條角平分線相交於點 O。假設 $|OD| = |OE|$，證明：$\angle BAC = 60°$ 或 ΔBAC 為等腰三角形（兩個結論可以同時成立）。

　　首先應畫張示意圖。因為必須使 OD 和 OE 等長，畫

起來需要一點技巧，但可以略施小計，使 ΔABC 成為等腰三角形或 $\angle BAC = 60°$（既然我們知道這是一定成立的）。這樣就產生兩種可能的畫法（圖 3）。

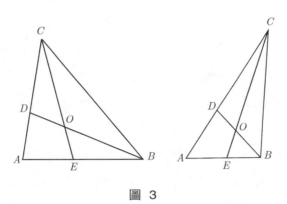

圖 3

我們只有一個條件：$|OD| = |OE|$，而希望證明一個看起來不尋常的結論：關於這個三角形的兩種性質之一成立。但是這兩種性質都與角相關（等腰三角形的兩底角相等，而角平分線顯然與角有關），因此本題可以看做是一個有關角的問題（至少一開始可以這樣認為）。

一旦確定了問題與角相關，接下來就要把已知的條件 $|OD| = |OE|$ 用角重新表示出來。因為 ΔODE 是等腰三角形，所以 $\angle ODE = \angle OED$。這使我們看到了一絲希望，但還沒有把 $\angle ODE$ 和 $\angle OED$ 與其他角聯繫起來。特別是把這兩個角用 $\alpha = \angle BAC$、$\beta = \angle ABC$、$\gamma = \angle ACB$ 表示，因為我

們想要證明的是 $\alpha = 60°$ 或 $\beta = \gamma$。（而且 $\triangle ABC$ 是「主」三角形，所有其他資訊都是從這個三角形衍生出來的。它是一個邏輯上的參考系，所有數值都應利用這個「主」三角形來表示。）不過也有其他方法可將邊轉化為角。

讓我們看看 OD 和 OE。我們想要把這兩條邊的長度與角 α、β、γ 聯繫起來。聯繫邊與角的方法有幾種，可利用初等三角學、相似三角形、等腰和等邊三角形、正弦和餘弦定理等，而這裡提到的只是其中一部分。其中，初等三角學需要用到直角和圓，但我們並沒有很多這方面的資訊。我們也沒有什麼相似三角形，等腰三角形又已經考慮過了。餘弦定理通常使問題複雜化而不是變得簡單，因為它涉及更多未知的邊長。這樣就只剩下正弦定理可以選擇了，畢竟它可以將邊與角直接聯繫起來。

為了使用正弦定理，我們需要一個或兩個三角形，最好是包含 OD、OE，並且含有多個已知角的三角形。透過觀察示意圖並估測角度，我們可猜想 $\triangle AOD$、$\triangle COD$、$\triangle AOE$、$\triangle BOE$ 可能派上用場。$\triangle AOE$ 和 $\triangle AOD$ 有一條公共邊，這應該會使問題變得比較簡單，因此應從這兩個三角形開始。（一定要設法尋找某些聯繫。知道兩個數量相等不見得能夠派得上用場，除非你用某種方式把它們聯繫起來。）由於我們只關心六個點中的四個（A、D、E、O），

所以可以畫一張簡圖來處理問題。（畢竟，為什麼一定要面對那些雜亂無用的資訊呢？）

我們知道 $\angle EAO = \angle DAO = \alpha/2$，而且根據三角形內角和為 $180°$，可以計算出 $\angle AEO = 180° - \alpha - \gamma/2 = \beta + \gamma/2$；同樣的，可以得到 $\angle ADO = 180° - \alpha - \beta/2 = \gamma + \beta/2$。還可以標出更多連接於點 A、D、E、O 的角，最終得到如同圖 4 的簡圖（為了清楚起見，圖 4 經過旋轉並放大了）。

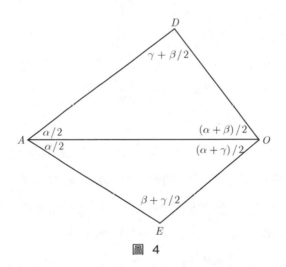

圖 4

現在我們可以使用正弦定理了。為了得到一個關於 $|OD|$ 和 $|OE|$ 的有用運算式（這正是我們最初想用正弦定理的原因），利用正弦定理，我們得到

$$\frac{|OD|}{\sin(\alpha/2)} = \frac{|OA|}{\sin(\gamma + \beta/2)} = \frac{|DA|}{\sin(\alpha/2 + \beta/2)}$$

以及　　$$\frac{|OE|}{\sin(\alpha/2)} = \frac{|OA|}{\sin(\beta + \gamma/2)} = \frac{|EA|}{\sin(\alpha/2 + \gamma/2)}$$

一旦得到這樣兩個等式，已知的資訊（$|OD|=|OE|$）也許就用得上了。邊長$|OA|$同時出現在以上兩個等式中，所以或許應該將$|OD|$和$|OE|$用$|OA|$表達出來，得到

$$|OD| = |OA|\frac{\sin(\alpha/2)}{\sin(\gamma + \beta/2)}$$
$$|OE| = |OA|\frac{\sin(\alpha/2)}{\sin(\beta + \gamma/2)}$$

因此$|OD|=|OE|$若且唯若 $\sin(\gamma + \beta/2) = \sin(\beta + \gamma/2)$。（實際上可能會出現很荒謬的情形，例如 $\sin(\alpha/2) = 0$。不難發現，這只發生在極端退化的情形，而這些反常的情形很容易單獨處理。但不要忘記這些特殊情形。）

　　我們已將有關邊的等式轉化成有關角的等式了。更重要的是，這些角與我們的目標（它與角 α、β、γ 有關）緊密相關。因此，我們確信自己朝著正確的方向前進，問題現在已經完全轉化成代數問題。

總之，上述兩個正弦值是相等的，即 $\sin(\gamma + \beta / 2) =$
$\sin(\beta + \gamma / 2)$。

這有兩種可能性：

$$\gamma + \beta / 2 = \beta + \gamma / 2$$

或

$$\gamma + \beta / 2 = 180° - (\beta + \gamma / 2)$$

我們離目標愈來愈近了，因為等式中不再含有正弦，而且
第一次得到一個含有「或者」一詞的敘述。不難看出第一
種情形可以推導出 $\beta = \gamma$，而第二種情形可以得到 $\beta + \gamma =$
$120°$，因而 $\alpha = 60°$。不經意間就已經實現我們的目標，這
真是奇妙啊。

然而，這是真的。有時我們可以很快地把已知的資訊
轉化成與目標相關的等式（眼前的問題就是與角 α、β 和 γ
相關的等式），然後運用一些簡單的代數技巧，將它轉化
成我們想要的結論。這稱為直接方法或前向法。如果目標
是一個簡單的關係式，只涉及簡單計算時，這種方法很有
效，因為透過逐步簡化和轉化資訊，使之愈來愈接近於目
標，就會產生解決問題的想法。如果目標不是很明確，我
們可能需要先對目標進行轉換，再確定要進行哪一種嘗
試。這正如下一個問題所顯示的。

---

* 問題 4.3（Australian Mathematics Competition, 1987, p. 13）設 *ABFE* 是一個矩形，點 *D* 是對角線 *AF* 與 *BE* 的交點。過點 *E* 的一條直線交 *AB* 的延長線於點 *G*，且交 *FB* 的延長線於點 *C*，可以使得 $|DC|=|DG|$。證明：

$$\frac{|AB|}{|FC|} = \frac{|FC|}{|GA|} = \frac{|GA|}{|AE|}$$

　　對於幾何問題，可以使用前向法（先有系統地找出已知條件，如邊和角）或後向法（把最終結果轉化為同等意義、但處理起來比較簡單的問題）。畫一張簡單的示意圖再猜測結論，有時會很有幫助，但這個問題的示意圖十分難畫。你怎麼保證 $|DC|=|DG|$ 呢？反覆試驗後（同時兼顧結論 $|AB|/|FC|=|FC|/|GA|=|GA|/|AE|$），最終可以畫出一張比較合理的示意圖（圖 5）。

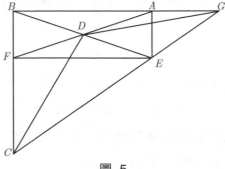

圖 5

讓我們先嘗試前向法。大刀闊斧型的解析幾何法是一種冗長而繁瑣的方法，往往會帶來無法預測的複雜性，並引發巨大的差錯，因此我們把它當做最後的選擇（儘管點 A 處的直角看起來很適合當做原點和座標軸）。向量方法對於 $|DC|=|DG|$ 之類的關係式也不是很合適（但是向量法通常比座標法來得簡潔）。那麼，如何計算線段長度和角度呢？

我們知道矩形有四個直角，也知道 $|DC| = |DG|$，所以 ΔDCG 是等腰三角形。但這對我們幫助不大。從點 D 向 CG 做垂線或其他類似的輔助線也於事無補。（接下來會看到某些輔助線的確有用，但在前向法中並不是很明顯。）

再嘗試後向法。要證明三個比例彼此相等，就等於提示我們可利用相似三角形。我們能否用某些線段，例如 AB 和 FC，來建構三角形呢？恐怕不行，但是可以用 FE 和 FC 來建構三角形，而且 FE 和 AB 是等長的。一旦確定了一個三角形，其他兩個與之相似的三角形就不太難找了。觀察圖中的 ΔFCE，可以看出（而且容易證明）它與 ΔBCG 和 ΔAEG 是相似的，所以

$$\frac{|EF|}{|FC|} = \frac{|GB|}{|BC|} = \frac{|GA|}{|AE|}$$

為了與我們要證明的結論比較接近，又可以將上式改寫為

$$\frac{|AB|}{|FC|} = \frac{|GB|}{|BC|} = \frac{|GA|}{|AE|} \qquad (15)$$

這一來已經證明了三個比例中的兩個，也就是 $|AB|/|FC|$ 和 $|GA|/|AE|$ 彼此相等。然而第三個比例 $|FC|/|GA|$ 很難與某個三角形產生聯繫，但是注意式（15）中間的比例，隱約可以感覺到這對邊長與 FC 和 GA 有關。事實上，FC 是 BC 上的線段，GA 是 BG 上的線段。這就暗示我們，也許證明

$$\frac{|FC|}{|GA|} = \frac{|GB|}{|BC|}$$

會比證明

$$\frac{|AB|}{|FC|} = \frac{|FC|}{|GA|} \quad 或 \quad \frac{|FC|}{|GA|} = \frac{|GA|}{|AE|}$$

來得容易，而前者的敘述比較對稱，且只涉及一個等式。

即使有了這個「可能比較簡單」的式子，看起來仍然沒有可以利用的相似三角形。此時需要對問題做進一步處理。一種顯而易見的想法是重新配置這些比例。透過交叉相乘可以得到

$$|FC| \times |BC| = |AG| \times |BG|$$

或者交換比例項可以得到

$$\frac{|FC|}{|BG|} = \frac{|GA|}{|BC|}$$

這樣做似乎進展不大，但相乘項 $|FC| \times |BC|$ 和 $|AG| \times |BG|$ 看起來有些眼熟。事實上，我們可能會想起以下定理（它經常出現於高中數學教材，但很少用到）：

定理 4.2：如果點 P 是以點 O 為圓心、r 為半徑的圓外一點，從點 P 出發的一條射線與圓相交於 Q、R 兩點，則

$$|PQ| \times |PR| = |PT|^2 = |PO|^2 - r^2$$

其中 T 為通過點 P 的切線在圓上的切點。

證明：我們觀察到，ΔPQT 和 ΔPTR 是相似三角形，因此 $|PQ|/|PT| = |PT|/|PR|$（圖 6）。而且由畢氏定理可以得知 $|PO|^2 = |PT|^2 + r^2$，從而定理成立。 □

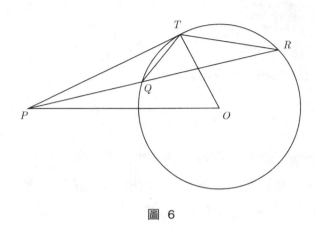

圖　6

　　為了利用定理 4.2，首先需要建構一個圓。我們想要
計算 $|FC| \times |BC|$ 和 $|AG| \times |BG|$，所以這個圓須包含點 F、
B 和 A。現在恰好有一個圓通過點 F、B 和 A，並以 D 為
圓心（定理 4.1），所以由定理 4.2 我們得到

$$|FC| \times |BC| = |DC|^2 - r^2$$

和

$$|AG| \times |BG| = |DG|^2 - r^2$$

其中 r 是圓的半徑。由於 $|DC| = |DG|$ 是題目給的條件，所
以我們的結果得證。

　　這是解答純粹幾何問題的特點：可利用的資訊看來少

得可憐，想要證明的結果卻又很模糊，所以通常得使用特別的方法來處理。作圖或其他輔助方法可能使問題變得清晰，從而觸發記憶中某些有用的資訊。例如，有個幾何問題你需要證明 $\angle ABC = \angle ADC$，可轉而證明與之同等意義的問題，即 A、B、D、C 四個點位於一個圓上（如果點 C、D 位在 AB 同側）。或者若你需要證明 $|AB| > |AC|$，也可以證明具有相同意義的 $\angle ACB > \angle ABC$（假定點 A、B、C 不共線）。又或者是關於不同三角形的面積問題，可以利用「等底且等高的三角形面積相等」或「如果三角形的底邊減半，則面積也減半」之類的結論。

　　這並不意謂著你應在圖中畫出所有可能想到的東西，並把一堆已知的結果寫下來（除非你實在無計可施）；事實上，只要一些有根據的猜測和大體的想法就夠了。有時還可以試用非常特殊或極端的例子，看看能否以之解開問題（例如針對以上的問題，我們可以考慮四邊形 $ABEF$ 是一個正方形，或 $ABEF$ 是退化的，抑或 $|DC| = |DG| = 0$ 的情形）。一定要牢記題目已知的資訊（也就是 $|DC| = |DG|$，以及 $ABEF$ 是一個矩形），以及要證明的結論（亦即 $|FC| \times |BC| = |AG| \times |BG|$ 或其他運算式），並使你的解題方法運用一些不尋常的條件或目標。（在這個問題中，條件 $|DC| = |DG|$ 看起來就有些不尋常。）總之，為了推導出全

部結論，我們應該假定會用到題目已知的所有條件，所以每個條件都應以某種形式派上用場。

　　總之，關鍵之處是要想到歐幾里得幾何的一個特殊結論（以這個問題來說就是定理 4.2）。觀察問題的各個方面，並「抓住」問題的本質後，只要借助過去處理幾何問題的經驗，有用的結論就會在腦海中浮現（常常也是在其他方法都行不通時，這些結論便會浮現）。如果沒有這樣的靈感，則應堅持使用解析幾何法或者準解析幾何法（例如從點 D 分別向 AB 和 AC 做垂線，並利用畢氏定理來表示$|DC|=|DG|$。這基本上就是無座標軸的解析幾何法）。

問題 4.4　已知三條平行線，請用直尺和圓規做一個等邊三角形，使每條平行線各包含三角形的一個頂點。

　　猛一看，這個問題簡單且直接（好的題目通常都是這樣）。可是嘗試要畫示意圖時（先試一試，但要先畫出平行線），你會發現，要讓一個三角形滿足所有符合等邊三角形的條件多麼困難，因為題目的要求太嚴苛了。嘗試畫圓、60° 角和類似的圖形後，我們會意識到畫圖需要一些特殊的技巧，然而還是應該盡力畫出一張好的示意圖（也許可以先畫出等邊三角形，再擦掉它），並標出所有的點

和線（圖 7）。

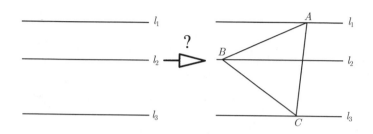

圖 7

比較明顯的選擇是利用解析幾何法。這種方法可能行得通，但會很麻煩，你需要用距離公式來定出點的位置，因此不是最佳（或最具有幾何思想的）解法。通常我們把它留做最後的選擇。

解決作圖問題的標準方法是取其中一個未知量（點、線、三角形，或者其他）並確定其位置，或者其他容易作圖的性質。

然而在這樣做之前，讓我們先仔細觀察上面這張示意圖，並做些能力所及的嘗試。不難發現，一個等邊三角形如果存在，它可以在三條平行線上滑動，並仍然滿足所有的要求。因此，如果 $\triangle ABC$ 是這樣一個三角形，只要點 A 在直線 l_1 上，它的位置就是任意的。當然，點 B 和 C 的位

置將視點 A 的位置而定。所以基本上，我們可以把點 A 放在想要放的任何位置，不必擔心它失去一般性，然後只需關注點 B 和 C 就可以了。這些討論顯示直線 l_1 已經變得無關緊要。它原本只用來限制點 A，但我們把點 A 固定在 l_1 的任意一處後，就不再需要 l_1 了。

　　現在隨著點 A 已然確定，ΔABC 就受到更多的限制。也許這會使點 B 和 C 位置的選擇比較有限，但目前為止還不是很清楚。

　　等邊三角形 ABC 現在只有兩個自由度：方向性和尺寸。但是它還有兩個限制：點 B 一定在直線 l_2 上，以及點 C 一定在直線 l_3 上。理論上，這些條件應足以固定三角形了，但對於三角形這樣複雜的幾何圖形（相對於點和線）來說，很難看出接下來該怎麼辦。然而，我們還是可以把一個未知量轉化為另一個較易處理的未知量。目前的未知量是等邊三角形，什麼是較簡單的未知量呢？最簡單的幾何圖形是點。因此，我們可以先確定一個點，例如點 B，而不是確定整個三角形。由於點 B 限制位在 l_2 上，所以它只有一個自由度。點 B 由什麼條件來確定呢？此條件是：以 AB 為邊的等邊三角形的第三個頂點（即點 C）一定在 l_3 上。這個條件還是很複雜，因為仍然涉及等邊三角形。是否有更簡單的方法，能將點 C 用點 A 和 B 來表示呢？答

案是肯定的：點 C 是由點 B 繞著點 A 旋轉 $60°$（沿著順時針或逆時針方向皆可）得到的。因此問題簡化為：

> 已知點 A，以及不經過點 A 的兩條平行線 l_2、l_3，試找出 l_2 上的一點 B，使得點 B 繞著點 A 旋轉 $60°$ 後落在 l_3 上（圖 8）。

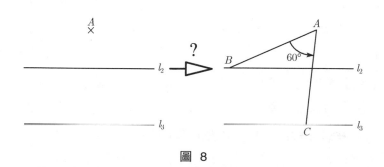

圖 8

我們現在只有一個未知量，即點 B，所以自由度更少了，問題也應更簡單。我們要點 B 滿足兩條性質：

（a）點 B 在 l_2 上；

（b）點 B 繞著點 A 旋轉 $60°$ 後落在 l_3 上。

條件（b）是一種不太好用的形式，除非你把它轉化為：

（b'）點 B 落在由 l_3 繞著點 A 反向旋轉 $60°$ 後的直線上。

也就是說，點 B 落在 $l_{3'}$ 上，$l_{3'}$ 是由 l_3 繞著點 A 反向旋轉 $60°$（順時針或逆時針皆可）得到的。於是我們要滿足的性質變為：

（a）點 B 在 l_2 上；
（b'）點 B 在 $l_{3'}$ 上。

或者換句話說，點 B 是 l_2 和 $l_{3'}$ 的交點。這就對了！我們已經明確地做出點 B，所以這個三角形就很容易得到了。

為求完整，這裡寫出整個作圖過程：

選取 l_1 上任意一點 A。讓 l_3 繞著點 A 旋轉 $60°$（順時針或逆時針皆可；對於每個已知的點 A，點 B 都有兩個解），並設旋轉後的直線與 l_2 的交點為點 B。再將點 B 反向旋轉 $60°$ 得到點 C。

請注意，這一作圖法也適用於不是平行線的情形，只要線段之間的夾角不是 $60°$ 即可。因此，「平行性」事實上只是用來分散你的注意力而已！

與代數問題一樣，作圖問題的解題思路也是「求解」一個未知量，以這個問題為例，未知量就是點 B。我們要不斷轉化已知資訊，直到它具有「點 B 是……」的形式。例如來看與此類似的代數問題，假定要從以下已知的資訊解出 b 和 c：

- $b+1$ 是偶數
- $bc = 48$
- c 是 2 的冪

如果從以上三個已知條件解出 b 並消去 c，則得到：

- b 等於偶數減 1（即 b 是奇數）
- b 等於 48 除以 2 的某次冪（即 $b = 48, 24, 12, 6, 3, 1.5, ...$）

然後比較奇數集，以及 48 除以 2 的冪所得到的所有數的集合，我們發現 $b = 3$。利用多個變數，一個一個消去，這樣來解答問題通常比較容易，而且在幾何作圖問題中同樣有效。

> **習題** 4.1 設 k 和 l 是兩個圓，相交於點 P 和 Q。試做一條過點 P 但不過點 Q 的直線 m，使其滿足：如果 m 交 k 於點 B 和 P、交 l 於點 C 和 P，那麼 $|PB|=|PC|$（見圖 9）。（提示：找出點 B。）

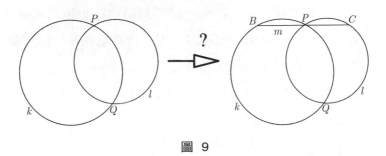

圖 9

習題 4.2　已知一個圓，以及圓內兩點 A 和 B。可能的話，請作出圓的一個內接直角三角形，使其一條直角邊包含點 A，另一條直角邊包含點 B（見圖 10）。（提示：找出直角所在的頂點。）

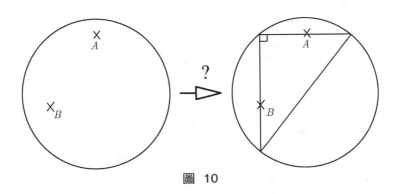

圖 10

* **習題** 4.3 已知四個點 A、B、C 和 D。如果可能，請找出一個正方形，使其每條邊分別包含這四個點的其中一點（見圖 11）。（提示：可惜做這個正方形非常困難，即使只要找出正方形的一個頂點〔如同前面的問題所做的那樣〕也簡單不了多少，因為我們只知道這個頂點限制在一個固定的圓上，但也僅此而已。一種解決問題的方法是確定這個正方形的一條對角線。一條對角線需要符合若干要素：方向、位置和端點。但對角線可以確定唯一一個正方形，而這是單獨一個頂點不容易做到的。如果你實在無計可施，不妨畫出一張漂亮的大型示意圖：先畫出正方形，再畫出 A、B、C、D 四個點，然後分別畫出以 AB、BC、CD 和 DA 為直徑的圓，再畫出兩條對角線。充分利用這些圓的有利條件來計算角度，找出相似三角形等。有個提示非常重要：觀察對角線與圓的交點。另一種方法是確定一條特定的邊，利用旋轉、反射和平移，讓一條邊變成與另外一條邊幾乎重合。簡而言之，這種解法與上述問題非常類似。）

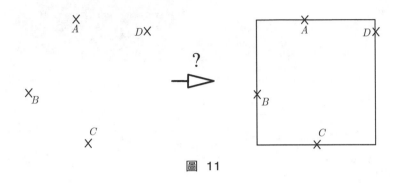

圖 11

問題 4.5（Taylor, 1989, p.10, Q4）　一個正方形分成五個矩形，如圖 12 所示。四個周邊矩形 R_1、R_2、R_3、R_4 面積相等，證明內部的矩形 R_0 是正方形。

這又是一個「結論並不尋常」的問題。乍看之下，「周邊的四個矩形面積相等」這一事實，似乎不一定使得內部的矩形是正方形。首先你可能感到已知的條件有太多自由度，畢竟面積固定的矩形可以是長而窄的，也可以是短而寬的。為什麼不能調整周邊矩形的形狀，使得內部的矩形變形呢？

只消一個簡單的嘗試，就能說明為什麼這樣行不通：每個矩形都受到其相鄰的矩形所約束。例如在圖 12 中，矩形 R_1 被矩形 R_2 和 R_4 「限制在適當的位置上」，若改變

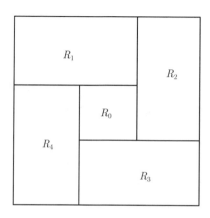

圖 12

矩形 R_1，將導致矩形 R_2 和 R_4 的變化，這都將使得 R_3 改變。但是矩形 R_3 不能同時滿足矩形 R_2 和 R_4 的要求，除非它們對 R_3 的要求也相同。以圖 13 為例，矩形 R_3 可以與矩形 R_2 相配，或者與矩形 R_4 相配，但不能與二者同時相配（請記住 R_3 還需要和 R_2、R_4 具有相等的面積）。

我們開始意識到該如何「處理」這個問題了：由於周邊的矩形需要有相等的面積，再加上「齊平相配」的困難，唯一可能的辦法就是內部矩形為正方形。我們不可能避開這個對稱的「卍字形」結構，圖 13 便是一個不能成立的例子。

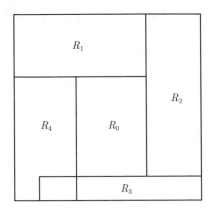

圖　13

　　為了方便進一步的推導，我們需要引進一些符號；更具體地講，需要用較少的變數來表示所有幾何物件的尺寸和面積。從我們對這「變動」結構所做的討論可以看出，一個矩形（例如矩形 R_1）會決定其他矩形的位置，例如 R_1 會迫使 R_2 和 R_4 處於確定的位置，從而確定 R_3，如果可能的話。於是我們有了一種代數表達方法：假設矩形 R_1 的尺寸是 $a \times b$，大正方形的邊長為 1，那麼也就可以確定其他矩形的大小，特別是 R_0。這種方法十分有效，我們最終會得到關於 R_3 的兩個方程式（如果處理方式不同，也可能得到關於 R_1、R_2 或 R_4 的方程式），從而得到 a 和 b 的

一個關係式（但並非任何大小的 R_1 都行得通，事實上我們需要證明，只有讓中間矩形為正方形的 R_1 才是允許的）。圖 14 對以上討論做了小結。

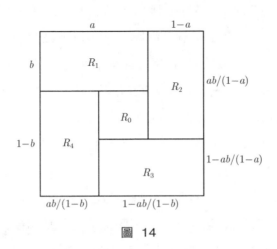

圖 14

為了使 R_3 具有正確的面積，必須滿足

$$\left(1-\frac{ab}{1-a}\right)\times\left(1-\frac{ab}{1-b}\right)=ab$$

利用這個方程式可以解出 a、b，因而確定 R_0 是正方形。這種方法是可行的，但代數計算有點繁瑣，因此讓我們嘗試一種更簡單、更直觀且較不需要依賴座標的方法（事實上這類方法經常都需利用到座標）。

　　我們想要證明，只有當 R_0 是正方形時，所有的條件才能得到滿足，但證明這一點有些難度。我們已經說過，可以把所有的量值用矩形 R_1 的邊長來表示。從這點來看，矩形 R_1 可以稱為「主要圖形」，所有其他的圖形都必須取決於它。一旦有了這個參考點，就可以把注意力集中放在一個矩形上。由於 R_0 不像其他矩形那樣容易成為「主要圖形」，我們比較不會想證明有關矩形 R_0 的性質；但可以證明有關矩形 R_1 的性質，這會比較容易。

　　圖 14 似乎暗示 $a+b$ 應該等於 1。確實如果 $a+b=1$，那麼 R_2 的水平邊長一定為 $1-a=b$，由面積相等得到垂直邊長為 a，於是矩形 R_3 的垂直邊長一定為 $1-a=b$，依此類推。這與前面提到的「卍 字形」結構非常吻合，而且就可以導出 R_0 是邊長為 $a-b$ 的正方形。這樣一來，我們就提出了一個中間目標：證明 $a+b=1$。由於所有的量值都可以用 a 和 b 來表示，也就會希望這個目標比較容易實現。然而，要用矩形 R_0 的邊長來表示所有量值，就沒那麼容易了。

　　大致上，我們已經證明以下連環關係的第二個意涵：

$$\boxed{R_1 , R_2 , R_3 , R_4 \text{ 面積相等}} \rightarrow \boxed{a+b=1} \rightarrow \boxed{R_0 \text{ 是正方形}}$$

現在只需證明第一個意涵就可以了。

由解析幾何方法我們知道，儘管很容易把已知的條件轉化為等式，但從這些等式推導出所要的結論並不容易。雖然面積相等看起來是非常漂亮、簡單且易於處理的條件，但因為只有一系列相等的乘積，且其中的項還和另外的關係式有關，所以其實它們反倒成為問題的障礙。但是我們可以反過來討論，即設法證明：

$$a + b \neq 1 \rightarrow \boxed{R_1 \text{，} R_2 \text{，} R_3 \text{，} R_4 \text{ 面積不相等}}$$

或者用反證法證明：

$$\boxed{a + b \neq 1} \text{ 和 } \boxed{R_1 \text{，} R_2 \text{，} R_3 \text{，} R_4 \text{ 面積相等}} \rightarrow \boxed{\text{矛盾}}$$

請注意，利用反證法時，我們可以從更多資訊入手，但最終的結果是沒有限制且不確定的。這種策略非常適合前面採用的定性方法，因為我們不可能改動對稱的結構，否則所有的矩形會失去平衡。因此，讓我們將多一點精力集中到反證法上。

假設 $a + b$ 太大，即 $a + b > 1$，但這四個矩形以某種方式達到面積相等的要求。這時我們要證明其中有矛盾。若

有個較大的矩形 R_1，那會怎麼樣呢？它將影響相鄰的矩形，比如說影響 R_2，使它變「窄」。實際上，R_2 的水平邊長為 $1-a$，這個值小於 R_1 的垂直邊長 b，所以 R_2 比 R_1「窄」。因為有矩形面積相等這一限制，所以 R_2 的垂直邊一定比 R_1 的水平邊長。因此，R_2 的兩邊之和也大於 1，且 R_2 比 R_1「寬」。再看 R_3：根據相同的邏輯推理，R_3 的垂直邊要比 R_2 的水平邊短，R_3 的水平邊一定比 R_2 的垂直邊長，因此 R_3 的兩邊之和也大於 1，且 R_3 也比 R_2「寬」。再利用同樣的推理可知，R_4 的水平邊（或垂直邊）要比 R_3 的垂直邊（或水平邊）短（或長），因此 R_4 的兩邊之和也大於 1，且 R_4 一定比 R_3「寬」。最後可以推導出：R_1 的水平邊（或垂直邊）要比 R_4 的垂直邊（或水平邊）長（或短），這意謂著 R_1 的水平邊（或垂直邊）要比它自己的水平邊（或垂直邊）長（或短）。這是荒謬的，於是我們找到了矛盾。$a+b<1$ 也會產生類似的情形，最終可以推導出 R_1 的水平邊（或垂直邊）要比它自己的水平邊（或垂直邊）短（或長）。這也是一個謬論。

　　這個問題是說明「一張圖比 1000 個關係式更有價值」的極好範例。而且請記住，有時候不等式比等式更簡單、更有效。

習題 4.4 找出滿足 $x^p + y^q = y^r + z^p = z^q + x^r = 2$ 的所有正實數 x、y、z 和正整數 p、q、r。（提示：這個問題不涉及幾何知識，但它的解法仍與問題 4.5 類似。）

問題 4.6（AMOC Correspondence Problem, 1986-1987, Set One, Q1）設 $ABCD$ 是一個正方形，k 是以點 B 為圓心且過點 A 的圓，l 是正方形內以 AB 為直徑的半圓。再設點 E 是 l 上的一點，BE 的延長線交圓 k 於點 F。證明：$\angle DAF = \angle EAF$。

　　和平常一樣，先畫一張示意圖（見下頁圖 15）。我們需要證明兩個角相等。由於題目中缺乏邊長等資訊，看起來完全可以透過角來處理問題，畢竟圓總是與角緊密相關。但是 $\angle DAF$ 和 $\angle EAF$ 這兩個特定的角看起來關係不大，因此我們需要把這兩個難處理的角用「關係比較密切的角」表示出來，以便在這兩個角之間建立關係。

　　讓我們從 $\angle DAF$ 入手。$\angle DAF$ 不與任一三角形有關，但它與圓 k 有關。這裡可以運用一個古老的小定理（歐幾里得 III, 32），即一條弦所對應的圓周角與其弦切角相等。

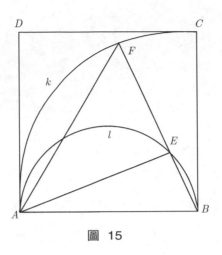

圖 15

因此我們可以說 $\angle DAF = \angle APF$ ，點 P 是圓 k 上的任意一

點，它位在包含點 C 的弧 AF 上。例如，我們可以說

$\angle DAF = \angle ACF$ ，儘管 $\angle ACF$ 和 $\angle DAF$ 一樣不太有用，但它

是一個圓周角，這意謂著它是同一條弦所對應的圓心角的

一半，也就是說 $\angle ACF = (1/2)\angle ABF$ 。與一些三角形和圓有

關的 $\angle APF$ ，看起來似乎是比較「主流」的角，所以

$\angle DAF = (1/2)\angle ABF$ 是一個令人滿意的結果。

　　現在我們開始研究 $\angle EAF$ 。可是這個角比 $\angle DAF$ 更難

處理，因為它與其他角都沒有直接關係。然而它與其他較

好用的角，例如 $\angle DAB$ 、 $\angle EAB$ 等，有個公共的頂點，所

以我們可把 $\angle EAF$ 用與其關係密切的角來表示，例如

$$\angle EAF = \angle BAF - \angle BAE$$

或者也可以是

$$\angle EAF = \angle DAB - \angle DAF - \angle BAE$$

第一個等式帶來一個用得上的角 $\angle BAE$，以及一個不太好利用的角 $\angle BAF$。至於第二個等式就更好用了：由於 $\angle DAB = 90°$，而且我們已經解出 $\angle DAF$，所以得到

$$\angle EAF = 90° - \frac{1}{2}\angle ABF - \angle BAE$$

$\angle BAE$ 和 $\angle APF$ 都在 $\triangle ABE$ 中，既然我們已經把 $\angle DAF$ 和 $\angle EAF$ 都用 $\triangle ABE$ 的角表示出來，很明顯地該把注意力集中於這個三角形。

　　$\triangle ABE$ 內接於一個半圓，這提醒我們使用泰勒斯定理（定理 4.1）。此定理告訴我們 $\angle BEA = 90°$，由於三角形的內角和為 $180°$，所以這就把 $\angle ABF$ 和 $\angle BAE$ 聯繫起來了；準確地說，$\angle ABF + \angle BAE + \angle BEA = 180°$，所以 $\angle BAE = 90° - \angle ABF$。現在把這個式子代入 $\angle EAF$ 的運算式，可以得到

$$\angle EAF = 90° - \frac{1}{2}\angle ABF - \angle BAE$$
$$= 90° - \frac{1}{2}\angle ABF - (90° - \angle ABF) = \frac{1}{2}\angle ABF$$

這與前面得到的 $\angle DAF$ 的運算式是相同的，因此我們證明了 $\angle EAF = \angle DAF$ 。當然，寫出證明時需要對以上過程加以整理，例如得到以下的一連串等式：

$$\begin{aligned} \angle DAF &= \vdots \\ &= \vdots \\ &= \vdots \\ &= \angle EAF \end{aligned}$$

但是尋求解法時不必寫得如此正式。如果你知道自己要找的是什麼，那麼計算出 $\angle DAF$ 和 $\angle EAF$ ，並希望它們與某個中間量相等，就是不錯的想法。只要不斷努力簡化問題，並建立一些關聯，解決問題的機會很快就會出現。（當然，這裡我們假定問題有解，而大多數問題並不會用「無解」來戲弄你。）

第 5 章
解析幾何

幾何的思維並不僅限於幾何學，它可以脫離幾何學而用於其他知識領域。在其他條件等同的情況下，只要藉由幾何思維之手，無論是倫理道德、政治、評論甚或口才方面的事，都會更加優雅完美。

——法國詩人豐特奈爾
（Bernard le Bovier de Fontenelle, 1657-1757）

　　本章包含的問題牽涉到幾何的概念和物件，但解答這些問題需要用到其他數學分支，如代數、不等式、歸納法等。有時候用向量來重新表達幾何問題是個好方法，以便應用向量運算的定理。這裡便有一個例子。

問題 5.1（Australian Mathematics Competition, 1987, p.14）
一個正 n 邊形內接於一個半徑為 1 的圓。設 L 是連接多邊形頂點的所有不同長度線段所組成的集合，問：L 中所有元素的平方和是多少？

　　首先，讓我們為「L 中所有元素的平方和」取一個較短的名字，例如「X」；之後，我們的任務就是計算 X。這是一個所謂「可行的」問題，既不是「證明……」型的問題，也不是「是否存在……」型的問題，而是要算出一個數字，譬如直接應用三角學知識和畢氏定理來得到結果。例如 n = 4 時，得到單位圓（半徑為 1）的一個內接正方形，其中頂點間連線的可能不同長度為邊長 $2^{1/2}$、對角線長 2，所以 $X = (2^{1/2})^2 + 2^2 = 6$。同樣的，n = 3 時，唯一的頂點間連線長度是邊長，即 $3^{1/2}$，所以 $X = (3^{1/2})^2 = 3$。n = 5 時，推算就不那麼簡單了，除非你知道若干正弦和餘弦值，所以我們跳過這種情形而嘗試 n = 6，這時邊長

為 1，較短的對角線長是 $3^{1/2}$，較長的對角線（圓的直徑）長度是 2，所以 $X = 1^2 + (3^{1/2})^2 + 2^2 = 8$。最後考慮退化的情形，即 $n = 2$，在這種情形中，「多邊形」只是一條直徑，所以 $X = 2^2 = 4$。於是，我們算出一些特殊情形的 X 值，見表 1；表中用「？」標出 $n = 2$ 的情形，因為說「一個兩條邊的多邊形」有點牽強。

表 1

N	X
2?	4?
3	3
4	6
6	8

　　這個小表格不能對一般情形的解答提供太多線索。首先要做的是畫一張示意圖，把頂點標出，這可使問題看得比較清楚。對於 n 的某個固定值（例如 $n = 5$ 或 $n = 6$），頂點可以標為 A、B、C 等，但對於一般情形，把頂點標為 $A_1, A_2, A_3, ..., A_n$ 可能更方便，如下頁圖 1 所示。

　　現在我們可以進行初步的觀察和猜測：

（a）n 是奇數或偶數，情形可能會不同。如果 n 為偶數，我們有長的對角線要處理。事實上，n 為偶數時，有

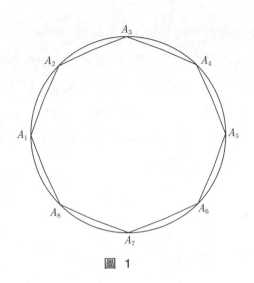

圖 1

$n/2$ 條長度不同的頂點連線；n 為奇數時，則有 $(n-1)/2$ 條長度不同的頂點連線。

（b）問題的答案可能必然是一個整數。這不是一個很確定的猜想，因為我們討論的是一些非常特殊的等邊三角形、正方形及六邊形等，其邊長都屬於平方根類型。然而，這會使我們覺得問題的一般解也許比較整齊。

（c）要計算的是長度的平方和，而不是長度本身的和，這會使我們馬上放棄利用純粹幾何來求解，轉而考慮解析幾何。解析幾何讓我們想到向量或座標幾何，抑或複數（實際上是同樣的方法）。對於牽涉到三角和的問題，座標幾何是一種速度慢但可靠的方法，不過，

是向量幾何和複數這兩種方法看起來比較有利用價值（向量幾何法可以利用點乘積，而複數方法可以利用複指數）。

（d）我們計算的不是所有對角線長度的平方和，而只是所有不同長度的對角線的長度的平方和，所以試圖直接解決問題幾乎是不可能的。但是我們可以重新敘述問題，使之比較容易轉化為方程式。（方程式是可靠的數學工具，雖然不像示意圖和解題思路那樣富有啟發性，卻是最容易操作的。一般來說，除了某些組合學和圖論方面的例外，我們總是傾向把解題的目標表示為某類方程式。）不管怎樣，如果你只考慮從多邊形的某個定點出發的所有對角線，這些對角線將包括我們需要的所有長度。

例如圖 2 中，n 是偶數，而且有四條長度不同的頂點連線。如果你只注意上半圓，那麼對角線的每個長度恰好出現一次，即 $|A_1A_2|$、$|A_1A_3|$、$|A_1A_4|$ 和 $|A_1A_5|$ 將包括我們想要的所有長度。換言之，答案可以表示成一個運算式：$|A_1A_2|^2 + |A_1A_3|^2 + |A_1A_4|^2 + |A_1A_5|^2$。若是更一般的情形，我們就要計算 $|A_1A_2|^2 + |A_1A_3|^2 + \cdots + |A_1A_m|^2$，其中 $m = (n/2)+1$（如果 n 是偶數）或 $m = (n+1)/2$（如果 n 是奇數）。所以

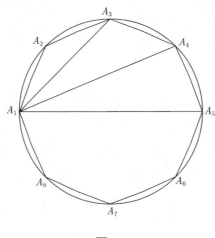

圖 2

我們對這個問題可提出一種更明確的敘述：

設有 n 個頂點 A_1 , A_2 ,..., A_n 的正多邊形內接於半徑為 1 的圓中，若 n 為偶數，令 $m=(n+2)/1$；若 n 為奇數，令 $m=(n+1)/2$。請計算 $X=|A_1A_2|^2+|A_1A_3|^2+\cdots+|A_1A_m|^2$ 的值。

$|A_1A_2|^2+|A_1A_3|^2+\cdots+|A_1A_m|^2$ 的末項為 $|A_1A_m|^2$，而不是比較自然的 $|A_1A_n|^2$，這使得計算起來不太方便。但是我們可以做「加倍」處理（如同問題 2.6）。利用對稱性，我們得到 $|A_1A_i|=|A_1A_{n+2-i}|$，因此

$$X = \frac{1}{2}(|A_1 A_2|^2 + |A_1 A_3|^2 + \cdots + |A_1 A_m|^2 + |A_1 A_n|^2$$
$$+ |A_1 A_{n-1}|^2 + \cdots + |A_1 A_{n+2-m}|^2)$$

請注意，n 是偶數時，會計算兩次對角線項 $|A_1 A_{n/2+1}|^2 = 4$。對上式加以整理，為了保證對稱性，要再加上 $|A_1 A_1|^2$（它等於 0）。所以，n 是奇數時，得到

$$X = \frac{1}{2}(|A_1 A_1|^2 + |A_1 A_2|^2 + \cdots + |A_1 A_n|^2) \qquad （16）$$

而 n 是偶數時，得到

$$X = \frac{1}{2}(|A_1 A_1|^2 + |A_1 A_2|^2 + \cdots + |A_1 A_n|^2) + 2 \qquad （17）$$

（最後多出來的一項「2」，出自對角線項 $|A_1 A_{n/2+1}|^2 = 4$ 乘以 1/2 的結果）。於是，我們很自然地引進新的未知量

$$Y = |A_1 A_1|^2 + |A_1 A_2|^2 + \cdots + |A_1 A_n|^2 \qquad （18）$$

並試圖計算 Y，而不是 X。這樣做的好處在於：

- 一旦知道 Y，等式（16）和（17）立刻可以得到 X；
- Y 的形式比 X 漂亮，因此可能比較容易計算；
- 計算 Y 時，不必區分 n 是偶數或奇數的兩種情形，可以節省一些工作量。

　　再回到前面表 1 那些數值較小的情形，$n = 3$、4、6，並利用式（16）和（17）計算對應的 Y 值，得到表 2，由此可以推測 $Y = 2n$。式（16）和（17）意謂著 n 是奇數時 $X = n$，n 是偶數時 $X = n+2$。這可能就是我們要找的答案，但仍需要證明。

表 2

n	X	Y
2?	4?	4?
3	3	6
4	6	8
6	8	12

　　現在該用到向量幾何了，這能提供一些有用的工具，用來處理類似式（18）的運算式。由於向量 v 的長度平方可以簡單表示為它與自身的點乘積 $v \cdot v$，所以可把 Y 寫為

$$Y = (A_1 - A_1) \cdot (A_1 - A_1) + (A_1 - A_2) \cdot (A_1 - A_2) + \cdots + (A_1 - A_n) \cdot (A_1 - A_n)$$

我們把 A_1，A_2，…，A_n 看成是一些向量而非一些點。座標原點可以選擇在我們需要的任意位置上，但最符合邏輯的選擇是以圓心作為原點（其次是以 A_1 作為原點）。把原點放在圓心處，立刻可見的好處是所有向量 A_1，A_2，…，A_n 都

具有長度 1，這樣一來 $A_1 \cdot A_1 = A_2 \cdot A_2 = \cdots = A_n \cdot A_n = 1$。特別是可以利用向量算術得到

$$(A_1 - A_i) \cdot (A_1 - A_i) = A_1 \cdot A_1 - 2A_1 \cdot A_i + A_i \cdot A_i = 2 - 2A_1 \cdot A_i$$

所以可以把 Y 展開為

$$Y = (2 - 2A_1 \cdot A_1) + (2 - 2A_1 \cdot A_2) + \cdots + (2 - 2A_1 \cdot A_n)$$

可以合併某些項並化簡，得到

$$Y = 2n - 2A_1 \cdot (A_1 + A_2 + \cdots + A_n)$$

現在我們已經猜測到 $Y = 2n$，所以如果可以證明向量和 $A_1 + A_2 + \cdots + A_n = 0$，就能證明這個猜想。根據對稱性，這是顯而易見的（向量以大小相等的力從各個方向「拉」，所以合成的淨結果一定是 0。換個角度，你可以說正多邊形的質心與其中心重合。請注意我們總是會充分利用對稱性）。所以 $Y = 2n$，因而證明 n 為奇數時 $X = n$，n 為偶數時 $X = n + 2$。

　　對於運用對稱性輕描淡寫地說明 $A_1 + A_2 + \cdots + A_n = 0$ 這件事，也許有人不滿意，我們可以用三角學或複數提供更具體的證明，但還有一個更清晰的對稱論證方法，可能使你更滿意：寫成 $v = A_1 + A_2 + \cdots + A_n$。把整個平面繞著原點

旋轉 $360°/n$ ，這使得所有的頂點 $A_1, A_2, \ldots, A_n$ 移動位置，但沒有改變向量和 $v = A_1 + A_2 + \cdots + A_n$ 。換句話說，我們把 v 繞著原點旋轉 $360°/n$ 時，得到的仍是 v 。要使這個情形成立，只可能是 $v = 0$ ，因此 $A_1 + A_2 + \cdots + A_n = 0$ 。這正是我們想要證明的結論。

　　對以上論證，我們可給予物理解釋。實際上，平方和 Y 就是關於 A_1 的轉動慣量，也就可以利用平行軸的史坦納定理（Steiner's theorem），將旋轉點移到重心。

** 習題 5.1 證明：單位立方體在任意平面上的投影面積，等於這個立方體在該平面的垂線上的投影長度。（提示：本題有一種簡潔的向量解法，但需要對向量的交叉乘積及相關運算有好的處理方法。首先選擇一個恰當的座標系，並選擇一些可以找到的最容易處理的向量，然後有效利用向量的交叉乘積、點乘積，以及大量的成對垂直向量，寫出本題要討論的目標，並進行運算。也要利用許多向量 v 具有單位長度這一事實（使 $v \cdot v = 1$ ）。最終，一旦找到了解決方法，你就可以重寫證明過程，並觀察到向量解法是多麼的精練、簡潔。）

> *** 問題** 5.2 一個矩形分割成若干個小矩形（圖 3），每
> 個小矩形至少有一條長度為整數的邊。證明：原來的
> 大矩形至少有一條邊的長度為整數。

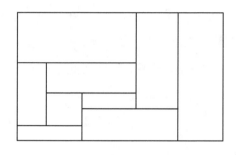

圖 3

　　這是一個看起來很有趣的問題，想必有一種令人滿意
的解法。但是結論有點奇怪：如果所有小矩形都有一條
（也許是更多條）長度為整數的邊，為什麼大矩形也該有
一條長度為整數的邊呢？如果我們的物件不是矩形，而只
是線段，問題就簡單了：長線段是由長度均為整數的短線
段組成，所以長線段的長度就是整數之和，當然也是一個
整數。一維情形不一定直接對二維情形提供明顯的幫助，
只能提示應該利用「整數之和是整數」這一事實。於是，
我們可以立即引進一個便於敘述的概念：稱長度為整數的
邊為「整數邊」。

　　然而，由於題目有「分割」一詞，所以這個問題也許與拓樸學、組合學、甚至更複雜的數學分支有關。這樣說有點太籠統了。為了掌握這個問題，讓我們從以下最簡單（但並不平凡）的分割方式著手（圖4）。

　　假定有兩個小矩形，並且知道每個矩形至少有一條整數邊，但整數邊可能是水平的，也可能是垂直的，我們無法確定。假設左邊的子矩形有一條垂直的整數邊，因為這條邊的長度與大矩形的垂直邊長相等，所以證明大矩形有一條整數邊。於是，我們可以假設左邊的小矩形有一條水平的整數邊。

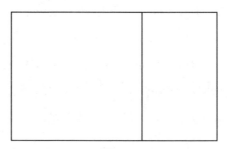

圖　4

　　但由類似的推理方式，也可以假設右邊的小矩形有一條水平的整數邊，而大矩形是兩個有水平整數邊的小矩形之和，所以大矩形也有一條整數邊。因此，我們以分割為

兩個小矩形的特殊情形證明了這個問題。然而這個證明為什麼有用？（要能處理一般情形，這種例子才是真正有價值）。反覆查看以上的證明，我們觀察到下面兩個要素：

（a）每個小矩形可能有一條垂直或水平的整數邊，所以需要分兩種情形考慮。

（b）可以說，要證明大矩形有一條垂直的整數邊，唯一途徑是找到「一連串」小矩形，它們都有一條垂直的整數邊，且這些垂直邊可以透過某種方式「合成」成為大矩形的垂直邊。下面有一個例子，圖5灰色的小矩形各有一條水平的整數邊，因此大矩形也有一條水平的整數邊。

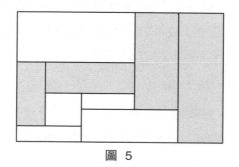

圖 5

根據這些模糊的想法，我們可以提出以下不很明確的策略：

找到一連串具有水平整數邊的矩形，或一連串具有垂直整數邊的矩形，它們可用某種方式「合成」大矩形的一條水平整數邊或垂直整數邊。

　　我們需要對每種可能的分割方式都找到一連串矩形，但分割是很難處理的，而且每個矩形的整數邊可能是水平或垂直的，某些矩形甚至同時有這兩種整數邊。那麼，怎麼樣才能找到一種合適的方法，以之描述處理所有的可能性呢？

　　這連串的矩形到底是如何起作用的呢？如果若干個小矩形都有一條水平整數邊，並如圖 5 所示，一個個小矩形連接形成大矩形，那麼大矩形就有一條水平整數邊，因為大矩形的水平邊長度恰好是小矩形的水平邊長度之和。（換句話說，如果你把若干積木一塊塊疊高，總高度就是每塊積木的高度之和。）

　　要尋找這樣的連串矩形，一部分困難在於不知道哪些小矩形有水平整數邊、哪些小矩形又有垂直整數邊。為了涵括各種可能性，請想像有水平整數邊的小矩形都是綠色，而有垂直整數邊的小矩形都是紅色。（當然，既有水平又有垂直整數邊的小矩形更好處理，可以選擇兩種顏色之一。）這樣一來，每一個小矩形不是綠色就是紅色。現

在，我們需要找到一連串綠色矩形把兩條垂直邊連起來，或一連串紅色矩形把兩條水平邊連起來。

直接證明看來不可行，所以得嘗試用反證法證明。假設兩條垂直邊不能用連串的綠色矩形連接。為什麼不能連接呢？一定是因為綠色矩形不夠多，被紅色矩形阻斷了。阻斷這些綠色矩形與兩垂直邊相連的唯一可能，是由紅色矩形組成的牢固屏障，而由紅色矩形組成的牢固屏障一定可以連接兩條水平邊。所以，若不是有綠色矩形連接兩條垂直邊，就是有紅色矩形鏈連接兩條水平邊。（熟悉「六角棋」〔Hex〕❶ 遊戲的人可以看出其間的相似處。）

（順便一提，雖然上一段陳述的原理很直觀，但要以嚴格的拓樸學方法來證明還需要做一些解釋。簡而言之，全由綠色塊組成的集合可以分成相關的子集合。假設連接兩條垂直邊的子集合並不存在，考慮與左垂直邊連接的所有綠色相關子集合的聯集，那麼與這個集合的外部邊界連接的小條形區域將是紅色，而這個紅色條形區域就可確定是連接兩條水平邊的連串紅色矩形。）

還有一個小問題要說明：連接兩垂直邊的連串綠色矩形，確實能夠保證大矩形有一條水平整數邊。真正的問題

---

❶ 譯註：「六角棋」是一種益智遊戲。棋盤由 11×11 的六角形網格組成，玩法類似中國的圍棋，兩個對手中先得到連接兩邊的棋子鏈者為勝。

只在於：連串矩形的數目太多了，而這倒是很容易忽略；只與角落連接的矩形也不是問題；連串矩形向後轉的情形也很容易處理（只需減去整數而不是加上，不過邊長總和還是整數）。

問題 5.3（Taylor, 1989, p.8） 平面上有一個有限的點集合，其中任意三點均不共線。某些點之間有線段相連，但每個點最多位在一條連線上。現在我們進行以下的程序：取兩條相交的線段，例如 AB 和 CD，然後去掉它們，並用線段 AC 和 BD 替代。試問，這種程序能否無限次進行下去？

　　首先，我們應確保這種程序不會導致退化或產生歧義，特別是不希望出現長度為零的線段，或兩條線段重合的情況。也因此，題目給了「每個點最多在一條連線上」的條件。總之，這很容易證實，不過還是應該證明看看。（它也可能是個很棘手的問題！）

　　嘗試過一些例子後，這個程序最終無法繼續的結論看似是有道理的：若干次程序後，所有線段逐漸轉換為比較靠外側的線段，且不再相交。但這只是口頭上的描述，我們應如何用數學語言來表述呢？

　　我們需要以某種方式來描述：每次執行上述程序，這個系統的「向外側移動性」都會增加。但這不可能無限增加，因為適用於這個系統的幾何構形數目是有限的，所以最後這種「向外側移動性」應達到最大值，程序也就得停止了。（也就是說，事情不能繼續進行，程序就結束了。）

　　所以，現在我們需要進行以下事項：

（a）找出系統的某一特徵，是可以用數值來表示的，例如交點數、線段數，或者精心設計的得點分數（就像飛鏢遊戲的計分方法一樣）。它必須能反映「向外側移動性」，即所有線段都分散移動到邊緣時，這個數字應該會變大。

（b）這一特徵應在每次程序後增強（或者維持不變，但這種特徵就弱很多）。

（舉例來說，熟悉「豆芽」〔Sprouts〕❷ 遊戲的人可能會注意到，每進行一步，即連接兩個點，並在連接線段中放置第三個點，則有效的出口數〔出口是指從某個點延伸出的未用過的邊，遊戲開始時，每個點都有三個出口〕就減少

---

❷ 譯註：「豆芽」是英國劍橋大學教授康威（J. H. Conway）與其學生共同發明的一種紙筆遊戲。

一個；一條線段要用掉兩個出口，而一個新的點又會產生一個出口。這顯示遊戲不能永遠持續下去，因為出口總有用完的時候。）

現在我們需找到一個滿足（a）和（b）的特徵。因為有若干個特徵都滿足（a）和（b），所以不存在唯一解，不過我們只需要一個特徵。最好的方法是評估某些簡單的特徵，但願它行得通。

讓我們先從最簡單的試起。「點的數目」有用嗎？因為那永遠不變，所以用不上。「線段數」出於同樣的原因也用不上。「交點數」看起來也許用得著，但「交點數」不會每次都減少（雖然最終應減少），這一點可以從圖6看出：一個交點變成了三個。

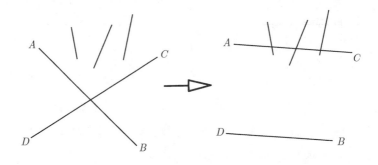

圖 6

　　兩條相交的線段變成兩條沒有交點的線段時，到底是什麼減少了呢？由於某種原因，這些線段變得比較分散了。從這一點看，也許可以嘗試用「線段間距離之和」之類的參數來描述，但處理起來不太容易。不過沿著類似的思路，最後自然會想到「線段長度之和」，因為線段在每次程序之後不但更加分離，而且也變短了。（透過三角不等式，即三角形的兩邊之和總是大於第三邊，可以很漂亮地證明這一性質。）這意謂著每次操作之後，所有邊長的總和勢必減小，因此這種操作不能反覆循環或永遠進行下去（因為點是固定的，所以連接這些固定點的線段只具備有限種可能性），於是問題解決了。

　　由於每次改變兩條線段，所以任何考慮使用的特徵，都應該用個別線段來表示，而不是用交點或其他性質。個別線段實際上只有三種性質：長度、位置和方向。位置和方向之類的特性不能達到好的結果，因為這些性質不能保證減少或增加。舉例來說，若要求每次程序後，整體方向（先不管這是什麼意思）按順時針轉動，這似乎是不可能的，否則為什麼是順時針而不是逆時針？順時針與逆時針並沒有真正的區別，長與短則是明顯不同的。考慮到這點，我們不得不利用「總長度」這一想法。

> **問題** 5.4（Taylor, 1989, p.34, Q2） 一個男生在正方形游
> 泳池中央，他的老師（不會游泳）站在游泳池邊的一
> 個角上。老師的奔跑速度是男生游泳速度的三倍，但
> 男生比老師跑得快。男生能逃脫老師的追逐嗎？（假
> 設兩人都可以自由移動。）

　　讓我們先畫一張示意圖（圖 7）並標上已知的點：假
設男生從點 O 出發，老師從一個角出發，例如角 A。我們
也可選擇單位長度作為游泳池的邊長。

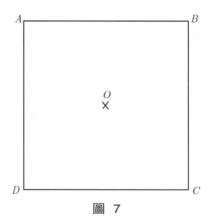

圖　7

　　要了解這個問題，我們應先猜測答案會是什麼。（如
果你不知道自己在找什麼，就不可能找到一種真正的解
法。）依照目前的情形來看，答案有點不太確定：如果男

生可能逃脫，他一定有個贏的策略，否則老師就有一個贏
的策略，使得不管男生如何逃跑，老師總是可以透過某種
方式巧妙地攔截男生。第二種可能性從數學上來看有點嚴
苛：我們需要找到一種策略，能阻止男生所有可能的移
動，然而男生可以有許多、許多種選擇（他可以在二維空
間中移動，而老師的活動嚴格限制在一維空間中）。第一
種可能性就比較容易處理了，我們只需設計一種巧妙的策
略，然後證明它可以成功，不必用到太多的反覆試驗。顯
然證明某種策略行得通，會比證明其他策略全都行不通要
容易些。因此，讓我們假設男生可以逃脫。看起來這是兩
種選擇當中比較容易處理的，最好先處理簡單易行的選
擇，這樣你也許能避免一些困難的工作。（這不是懶惰，
而是實用。只要能夠完成任務，容易的方法當然比難的方
法要好。）

　　男生比老師跑得快，這意謂著一旦男生上了岸，並且
沒被老師逮住，他就能逃脫了。因此他的首要目標就是離
開游泳池。指出這一點後，男生的奔跑速度就不重要了。

　　開始設計策略之前，我們先用基本常識來排除一些不
可行的策略，並把一些可能成功的策略分離出來。首先，
男生應以最快的速度移動；即使他因為減速而獲得微小的
優勢，老師也很容易透過減速而與他步調一致。同樣的，

停下來沒有用，因為老師也可以停下來，直到男生再次移
動。（從男生的角度來講，僵局並不是一種勝利。）其
次，我們可以假設老師不是容易應付的對手，他會堅守在
池邊。（老師為什麼要離開池邊？那只會使他變慢！）第
三，既然男生試圖盡快到達池邊（或者至少比老師更快到
達），所以沿直線移動（距離最短，所以最快）很可能是
答案的一部分，雖然輾轉穿梭也可能是男生取得優勢的辦
法之一。最後，策略不應完全事先確定，而是在一定程度
上視老師的行動而定；如果老師知道男生將蛇行一陣子直
到池角，比如角 B ，而男生仍然按照事先確定的愚蠢計畫
行動，那麼老師就可以直接跑到角 B ，等著男生到來。

　　綜合上面所述，男生的最佳策略是以最快的速度沿直
線猛衝，同時根據老師的行動靈活地改變策略。

　　牢記這些一般性的準則，我們就可以開始嘗試一些策
略。很顯然的，男生應向遠離老師的方向移動，因此直奔
角 A 就不是明智之舉。根據直覺，應沿著直線游向距離角
A 最遠的角 C 。這時男生需要游過 $\sqrt{2}/2 \approx 0.707$ 個單位長
度，而老師需要從角 A 跑到角 B 再跑到角 C ，或從角 A 跑
到角 D 再跑到角 C ，即跑過游泳池的兩個邊長，才能到達
男生上岸處。老師的速度是男生的三倍，所以男生僅游完
$2/3 \approx 0.667$ 個單位長度時，老師就已到達角 C 。老師先到

達，所以這種方法行不通。

與其一味地逃跑，還不如採取機動方案。畢竟，男生可以設法從池邊的任何一處離開游泳池，不一定是池角。例如試著朝角 B 和 C 的中點 M 游，那麼男生只需要游過 $1/2 = 0.5$ 個單位長度，但是老師也不必跑那麼遠了（ $A \to B \to M$ 是 1.5 個單位距離）。由於老師的速度是男生的三倍，所以男生爬出游泳池時，老師將可恰好抓住他。

老師沿著池邊跑時，他幾乎會讓男生逃脫，因為只要老師稍微慢一點，男生就能逃脫。這表示：

● 老師的速度是恰好能夠攔截住男生所需的最小值；
● 老師的速度是恰好能使男生逃脫的最大值。

這使問題變得有點複雜，因為老師的速度似乎處於臨界狀態。如果老師的速度稍慢一點，男生只要直直朝著池邊游就可以逃脫。如果老師的速度快很多，他只需跟著男生跑就行，例如男生順時針移動時，老師也隨之按順時針方向跑，等等。常識無法提供定論，我們還需要做一些計算。

如果男生朝一條池邊游去，老師就需要不停地跑才能剛剛好跟上他。換句話說，男生只要威脅要朝某個方向移動，就可以強迫老師移動。由於在某種程度上能控制局

勢，男生的這種移動主導權就會是強有力的工具。我們能
否運用它呢？

　　假設男生正朝 BC 的中點 M 全速前進，老師除了先跑
向角 B 然後奔向 M 點外，沒有其他選擇。如果老師改變
方向，或者採取其他行動，男生就可繼續前進，並在老師
之前到達池邊。但是男生不必一路游到岸邊，他只要這樣
威脅一下，就可使老師繼續跑下去。結果是男生可以促使
局勢發展到這樣一種狀態（圖 8）：

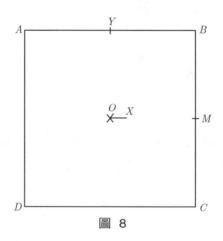

圖 8

　　如果男生全速游到中間某點 X，老師一定是在點 Y 處
（ Y 滿足 $|AY|=3|OX|$ ）。男生到達點 X 時，老師並沒有足
夠快的速度能超過點 Y，而且如果老師還沒到達點 Y，男

生只需繼續游向點 M 就可以擺脫老師，所以老師不得不到達點 Y。

現在的情況是：男生在點 X 處，老師被迫到達點 Y。男生還有一直向點 M 前進的必要嗎？向點 M 前進的威脅足以使老師到達現在的地方。但威脅和現實是不同的，既然老師在 AB 邊上束手無策，那麼男生為什麼不轉向對邊 CD 衝過去呢？到達岸邊只需半個單位長度，而且和第一次我們考慮男生衝向池邊不同的是，這時老師處於不利的位置。事實上，如果從點 M 到點 X 的距離大於 1/4 單位長度，那麼很容易就可看出，老師會因距離太遠而不能逮到男生。這樣一來，男生就十分容易逃脫了。

---

* 習題 5.2　假設老師的奔跑速度是男生游泳速度的六倍。證明男生不能逃脫。（提示：畫一個假想的正方形，邊長為 1/6 個單位長度，中心在點 O 處。一旦男生離開這個正方形，老師就會占上風。）

** 習題 5.3　假設游泳池是圓形，而不是正方形。很顯然，男生只要朝著與老師相反方向的點游去就可以逃脫。但是如果老師跑得更快會怎樣呢？更確切地講，

老師能夠逮住男生所需的最慢速度是多少？為了找出下限值（也就是為男生設計一個逃跑策略）及上限值（這需要為老師設計一套完備的移動策略），需要有很棒的創造力（或者變分學的知識）。（對於正方形游泳池也可以問相同的問題，不過這比圓形的問題更需要技巧。）

第 6 章
其他例題

　　數學有時可視為一個龐大的體系，就像一棵樹，分成幾個大分支，每個分支又分成各個專門的領域，到了樹的末端你才可以看到花簇和果實。

　　但是對整個數學領域進行條理清晰的分類並不是容易的事。各個分支之間總有一些模糊的領域，同時還有一些位於所有經典分支以外的特殊領域。

　　以下幾個問題十分有趣，它們既不完全屬於賽局理論或組合學，也不完全屬於線性規畫的範疇。

問題 6.1（Taylor, 1989, p.25, Q5）　假設某個島上生活著 13 隻灰色的變色龍、15 隻棕色的變色龍和 17 隻深紅色的變色龍。兩隻不同顏色的變色龍相遇，牠們都會變成第三種顏色（例如棕色的變色龍和深紅色的變色龍相遇，兩者都會變成灰色的變色龍），且這是牠們唯一的變色機會。試問：所有的變色龍能否最終都變成同一種顏色？

　　題目中的「最終」一詞帶有開放式問題的味道。這意謂著我們需要判斷一下，在所有可能的變色龍顏色組合中，是否包括所有變色龍顏色相同的情形？

　　從啟發式思考的角度來看，我們應先嘗試否定答案。

如果答案是肯定的，就應該有一種特定的步驟來實現這個
目標。這聽起來比較像是計算問題，沒有太多數學味道，
但這個問題確實出自數學競賽，於是有理由相信答案是否
定的。因此，我們先來試圖證明否定的答案。

　　為了證明答案是否定的，則弄清楚哪些狀態可以實
現、哪些大概不能實現，也許是一個好主意。一旦找到某
種規律，下一步的證明就有了明確的目標。正如我們在前
幾章看到的，為了解決一個數學問題，你經常需要猜測某
個中間結論，此中間結論可以推導出要證明的結論，但兩
者在邏輯上並不等價。從邏輯的角度看，這會帶來一個更
難證明的問題，但是從實用的角度看，它會提供一個與已
知資訊比較接近的目標，使我們專注地朝向較明確的方向
努力。此外，對結論的推廣也可能剔除某些表面資訊，得
到更多收穫。

　　舉一個簡單的例子，假設在西洋棋盤的角落擺一個主
教（主教沿著對角線移動），我們要證明它絕不可能移動
到相鄰的角落處（也就是不與這個頂角相對的隔壁兩個角
落）。我們沒有證明這個結論，反倒證明更一般的結論，
即「主教一定是移動到相同顏色的方格內」（西洋棋盤是
由黑白相間的方格組成的）。就邏輯來說，還可以證明更
多的結論，但是眼前很容易看出如何繼續推理下去：主教

的每一步移動，都會保持在相同顏色的方格內，因此不管移動多少步，主教都不會離開相同顏色的方格。

　　無論如何，我們需要先引進某種合適的符號（例如數字和等式）。在任一時刻，最重要的資訊是多少隻變色龍是灰色的、多少隻是棕色的、多少隻是深紅色的（問題的設計不允許變色龍呈現其他顏色）。我們可以用一個三維向量有效地表示這一資訊：變色龍的初始狀態是（13, 15, 17），而題目問的是我們能否透過改變顏色來達到（45, 0, 0）、（0, 45, 0）或（0, 0, 45）的狀態。改變顏色的方法是這樣的：從其中兩個座標各減去 1，並給第三個座標加上 2。這樣一來就得到一個向量運算式，這是一個真正能解決問題的方法。

　　（在這裡，我們提供大概的證明：令向量 $a =$（$-1, -1, 2$）、$b =$（$-1, 2, -1$）和 $c =$（$2, -1, -1$），那麼兩隻變色龍的相遇，可把向量 a、b 或 c 的其中一個加上去，成為當前的「狀態向量」。因此這個系統可達到的任意狀態，必有一個位置向量為如下形式：（13, 15, 17）$+la + mb + nc$，其中 l、m 和 n 是整數。於是，你需要證明向量（45, 0, 0）不能表示成以上形式。無論在克拉瑪法則〔Cramer's rule〕或初等的丟番圖運算中，這都是很簡單的。）

　　讓我們嘗試找一種更優美的方法，如同前面的概述。

首先，變色龍的總數一定保持不變，但這在問題中用處不大（不過，考慮總數有時在類似的問題可能是個好主意）。其次，兩隻不同顏色的變色龍相「融合」就變成另一種顏色，我們可以特別考慮這點。比如說，兩個容器的水面高度不同，若讓底部相互連通，水位會「融合」到中間位置，但是水的總量保持不變。因此，我們能否說「顏色總量」保持恆定呢？

顯然我們需要定義「顏色總量」，使其適用於數學。以一隻灰色的變色龍和一隻深紅色的變色龍「融合」成兩隻棕色的變色龍為例，假設灰色的色值為 0，棕色的色值為 1，深紅色的色值為 2，那麼「顏色總量」就保持不變（一個「0」和一個「2」合成兩個「1」）。但若試圖「融合」一隻深紅色的變色龍和一隻棕色的變色龍就失敗了。看起來，沒有一個記分體系能夠滿足三種變色龍（甚至兩種也不行）「融合」的所有可能性。

問題的癥結在於，這種「融合」過程具有循環性質。但不要徹底放棄！一部分成功（或一部分失敗）的嘗試，很可能是真正成功方法的一部分。（那麼反過來，對於少少的一點點成功也不必太激動。）考慮光學的三原色：紅色、藍色和綠色。讓一束紅光和一束綠光同時發出，會得到一束具有雙倍亮度的紫紅色光，也就是一束非藍色的

光。這三原色也具有循環性質。能否利用這種「有顏色的光」來類比我們的問題呢？

其實，兩者唯一本質上的差異是：對於光束，紅光和綠光合起來是非藍光，而不是藍光。但是等一等！我們可以利用模算術的方法，使藍色等同於非藍色。基於這種想法，可以嘗試讓向量「模 2」：我們的向量由（1, 1, 1）開始，一定要避免它變成（1, 0, 0）、（0, 1, 0）或（0, 0, 1）。可惜這樣行不通。不過妖怪已經從神燈裡鑽出來了，我們可以嘗試其他模數。馬上想到的是「模 3」（畢竟有三種循環色）。現在我們可以試用以下兩種策略，看看能不能攻克這個問題：

- **向量方法**：我們的初始向量（13, 15, 17）現在變為（1, 0, 2）（mod 3），而且研究結果顯示，顏色的改變只能使向量變成（1, 0, 2）、（0, 1, 2）和（1, 2, 0），絕不可能產生三個目標向量（45, 0, 0）、（0, 45, 0）和（0, 0, 45）中的任何一個，因為它們都等於（0, 0, 0）（mod 3）。

- **顏色總量方法**：原本計算「顏色總量」的方法，是給每種色值指定一個數字。既然知道模數這種方法，為何不用模算術計算看看呢？假設灰色的色值為 0（mod 3），棕色的色值為 1（mod 3），深紅色的色值為 2（mod 3），

這樣就可以使總色值一定保持不變（因為三種融合情形都不會引起總色值的變化，請自己試試看吧）。初始的總色值是 $13 \times 0 + 15 \times 1 + 17 \times 2 = 1 \pmod{3}$，而我們的三個目標色值（灰色為 45、棕色為 45 或深紅色為 45）都是 $0 \pmod{3}$。

習題 6.1 六位音樂家一同參加音樂節。每場音樂會有幾位音樂家演奏，其他人當觀眾。至少需要安排多少場音樂會，才能使每位音樂家都有機會當觀眾，欣賞到其他所有音樂家的演出？（提示：顯然一場音樂會無法讓每一位音樂家都欣賞到其他音樂家的演奏，為了實現所有人「聆賞的可能性」，就需要不只一場音樂會……按照這一思路，再引進合適的「記分」方法，你會得到所需音樂會場數的合理下限值，然後找出一個滿足這個下限值的例子，問題就解決了。）

習題 6.2 三隻蝗蟲在一條直線上，每一秒鐘都有一隻蝗蟲（而且只能是一隻）跳過另一隻蝗蟲。證明：經過 1985 秒之後，這三隻蝗蟲不可能是開始時的排列次序。

> **習題6.3** 假設有四個跳棋擺放成邊長為1的正方形。
> 假設你走棋的次數不受限制，每次走棋時，舉起一個
> 棋子跳過另一個選定的棋子走到新位置，因此被跳過
> 的棋子與新位置和原位置的距離相等（當然方向相
> 反）。此外，沒有限制兩個棋子距離多遠才可以這樣
> 跳。試問：能否把這些棋子移動成一個邊長為 2 的正
> 方形？（如果你以正確方式思考，就會有一種非常完
> 美的解法。）

> *** 問題6.2** 愛麗絲、貝蒂和卡羅三個女孩參加同一系
> 列考試。每科考試都有一個女孩的分數為 x，另一個
> 女孩分數為 y，第三個女孩的分數為 z，x、y、z 是不
> 同的正整數。所有考試結束後，愛麗絲的總分是 20，
> 貝蒂的總分是 10，卡羅的總分是 9。如果貝蒂的代數
> 成績排名第一，那麼誰的幾何成績排名第二呢？

　　這個問題只提供了一點點資訊，我們所知道的似乎只
有總分。那麼，如何由總分確定單科考試的分數呢？因為
有其他資訊可以利用，也許能夠做到。每科考試（我們並
不知道到底有幾科考試）都有一個女孩得分為 x、一個女

孩得分為 y 、一個女孩得分為 z 。這是一條獨特的資訊，我們該如何利用呢？

首先，我們可以試圖與第三條資訊搭配使用，即貝蒂的代數成績排名第一。這意謂著，貝蒂的分數是 x 、 y 、 z 三種選擇的最高分。為了簡單起見，設 x 最大， z 最小，也就是 $x > y > z$ （請記住，已知 x 、 y 和 z 是不同的）。這樣我們並沒有丟失什麼資訊，卻使問題得到簡化：我們可以說，貝蒂在代數考試得了 x 分。

但是對於其他科考試，我們仍然對她們得分的各種可能性了解不多。例如，在幾何考試中，可能是愛麗絲得 z 分，貝蒂得 x 分，卡羅得 y 分；也可能是愛麗絲得 x 分，貝蒂 y 分，卡羅得 z 分。在所有的可能性中，有什麼是不變的呢？啊……每科考試的總分保持不變。無論如何分配 x 、 y 和 z ，每科考試的總分總是 $x + y + z$ 。這些總分還能給我們什麼資訊呢？對了，我們還知道所有考試的總分是 $20 + 10 + 9 = 39$ ，於是得到

$$N(x + y + z) = 39$$

N 為考試的科數。之前我們對考試科數幾乎一無所知，而現在有了一個關於考試科數的公式，將有助於推理。

但是，單獨一個等式是不夠的。我們一定要牢記 N 、

x、y、z 是正整數,而不是實數。而且還有第四條資訊:x、y 和 z 是不同的數。這些條件將減少上述式子的可能性。

既然我們知道 N、x、y 和 z 是正整數,那麼上面的等式具有以下形式:

$$(\text{正整數 } A) \times (\text{正整數 } B) = 39$$

所以 N 和 $x+y+z$ 一定是 39 的因數。但是 39 的因數只有 1、3、13 和 39,因此有四種可能性:

(a) $N = 1$ 和 $x+y+z = 39$

(b) $N = 3$ 和 $x+y+z = 13$

(c) $N = 13$ 和 $x+y+z = 3$

(d) $N = 39$ 和 $x+y+z = 1$

但並非所有這些可能性都是合理的。例如,可能性(a)表示只有一科考試,這與問題的語義有所衝突,題目暗示至少有兩科考試(代數和幾何)。可能性(c)和(d),除了考試科數看起來多得讓人受不了之外,由於 x、y、z 是不同的正整數(這使得 $x+y+z$ 至少是 6),所以也都行不通。因此,唯一沒有排除的可能性只有(b),所以

一定是進行了三科考試，且 $x+y+z=13$ 。

現在可能性少了很多。但是我們始終不知道兩條很重要的資訊：x、y 和 z 的準確數值，以及每個女孩每科考試的得分。第一個問題可以由 x、y 和 z 是不同的正整數、相加等於 13 這兩個事實得到部分的解決；至於第二個問題，則可以由貝蒂在代數考試得 x 分的事實提供部分的回答。那麼，我們如何才能對這些不完整的結果加以改進呢？

「每個女孩的總分」這一資訊還沒有得到充分利用。觀察題目給的這組資料，我們看出愛麗絲的總分比貝蒂和卡羅的總分高很多。這就提示我們，她可能在每科考試都得到高分（即 x 和 y）。但是貝蒂在其中一科考試排名第一，所以愛麗絲的分數不可能都是 x。在最好的情形下，她可能得到兩個 x 分和一個 y 分。同樣的，卡羅不太可能在任何一科考試得到最高分 x，而且很有可能分數多半是 z。我們能否把這些推測轉化成嚴格的數學式子呢？

最初的回答是「也許吧」。讓我們以愛麗絲的得分為例。最好的情形是她得到 $2x+y$ 分。也許我們能證明她的得分恰好是 $2x+y$，畢竟她的總分比其他女孩高很多（20 比 10 或 9 大得多）。愛麗絲的分數還有什麼其他可能性呢？所有可能性是 $2x+z$、$x+2y$、$x+y+z$、$x+2z$、$3y$、

$2y+z$、$y+2z$和$3z$，最後幾個分數看來過低，不可能達到
20 分；運氣好的話，它們可能被排除掉。但是為了嚴格地
證明這一點，我們需要 x、y 和 z 的一個適當的上限值。
這就是接下來的任務：限制 x、y 和 z 的大小，以便排除
若干種可能性。

我們所知道的只有 x、y、z 是整數，$x>y>z$ 以及
$x+y+z=13$。這些條件已足以得到 x、y 和 z 相當好的界
限。例如先處理 z。z 不可能太大，否則 x 和 y 也將變得
很大，那麼就可能迫使 $x+y+z$ 比 13 大。更確切地說，y
至少等於 $z+1$，而 x 至少等於 $z+2$，故

$$13 = x+y+z \geq (z+2)+(z+1)+z = 3z+3$$

因此，這就要來求 $z \leq 3$。由於有一種可行組合是 $x=6$、
$y=4$、$z=3$，所以在沒有進一步資訊的情形下，$z \leq 3$ 是
我們能得到的最好上限值。

接著來處理 y。我們可以與上面類似，利用 $y+1$ 來約
束 x。不過對於 z，我們只能得到下限值 1。但是這就足
夠了，我們可得到

$$13 = x+y+z \geq (y+1)+y+1 = 2y+2$$

所以 $y \leq 5$。同樣的，考慮可行的組合 $x=7$、$y=5$、

$z=1$，所以 $y \le 5$ 是能夠得到的最好上限值。最後，我們可以設定 x 的上限值：也就是 z 至少為 1，y 至少為 2，故 $13 = x + y + z \ge x + 2 + 1$，所以 $x \le 10$。而最好的可能性是這樣的：$x = 10$、$y = 2$、$z = 1$。

這樣我們就得到 $z \le 3$、$y \le 5$ 和 $x \le 10$。但是還可以做得更好。請記住，貝蒂得到一個 x 分和兩個其他分數，由於貝蒂的總分只有 10，所以 x 不可能等於 10，因為 $x = 10$ 將意謂著貝蒂在其他兩科考試得到零分，這是不可能的（我們知道所有的分數都是正整數）。事實上，x 也不可能等於 9，否則貝蒂在其他兩科考試總共只得到 1 分，意謂著有一科考試得 0 分，這又是一個矛盾。所以得到 $x \le 8$ 的事實。這樣就可以排除更多可能性了。事實上，很容易看出愛麗絲唯一可能的總分是 $2x + y$，所有其他的分數都不可能達到 20。例如，$2x + z$ 最多為 $2 \times 8 + 3 = 19$。

因此，愛麗絲得到兩個 x 分和一個 y 分。既然貝蒂在代數考試得了 x 分，愛麗絲在這科考試一定得了 y 分。我們可以把這一資訊連同其他資訊整理成表 1。

表 1

	愛麗絲	貝蒂	卡羅	總和
代數	y	x	?	13
幾何	x	?	?	13
其他	x	?	?	13
總和	20	10	9	39

　　現在就可以看出，卡羅在代數考試一定得了 z 分，因為這是唯一剩下的分數。

　　我們離目標愈來愈近了。已知在幾何考試中以 y 分排名第二的是貝蒂或卡羅，但還不能確定到底是誰。觀察表 1 愛麗絲的那一列，又得到一條資訊，即 $y + x + x = 20$。想起 $x > y$ 和 $x \leq 8$，所以只有兩組解：$x = 8$、$y = 4$ 或 $x = 7$，$y = 6$。但因為 $x + y + z = 13$，所以不可能有 $x = 7$ 和 $y = 6$，否則將造成 $z = 0$。所以只可能是 $x = 8$、$y = 4$，這就使得 $z = 1$。這樣我們就完全確定了 x、y、z 的值，因而得到重大突破。現在可以把表 1 更新為表 2，很容易就看出，貝蒂在幾何和其他一科考試都需要得 $z = 1$ 分，而卡羅在這兩科考試都需要得 $y = 4$ 分。因此本題的答案是卡羅在幾何考試排名第二。

表 2

	愛麗絲	貝蒂	卡羅	總和
代數	4	8	1	13
幾何	8	?	?	13
其他	8	?	?	13
總和	20	10	9	39

問題 6.3（Taylor, 1989, p.16, Q3）兩個玩家用包含 60 小塊的一大塊巧克力玩遊戲，這塊巧克力是 6×10 的矩形。首先，第一個玩家沿著劃分巧克力塊的淺槽掰下一部分，把掰下的部分扔掉（或吃掉）。然後，第二個玩家再由剩下的巧克力掰下一部分並扔掉。遊戲不斷繼續，直到剩下一小塊巧克力為止。誰能給對手留下單獨一小塊巧克力，誰就是贏家（即最後一個掰巧克力的人）。試問：哪個玩家有完美的獲勝策略呢？

　　順帶一提，任何步數有限的智力遊戲，某位玩家一定有某種致勝（或平局）策略，這很容易證明，證明方法是對遊戲的最大步數做歸納法。即使西洋棋也受到這樣的限制，只不過至今還沒有人找到致勝策略，大多數人都認為它實在太複雜了。既然這個遊戲不存在平局，其中一位玩家必定有一種致勝策略。但誰才是贏家呢？

　　首先，讓我們把問題從巧克力轉化到數學上。我們可以從規範掰巧克力塊的方式入手。掰過巧克力的人都知道，唯一的方式就是把它掰成兩個矩形，不會是鋸齒形或不完整的矩形。事實上，把一塊 6×10 的巧克力掰成較小的矩形，那麼小矩形和原來的矩形一定有一個長邊或寬邊是相等的（觀察圖 1，其中虛線是掰開的地方），也就是

說，巧克力會掰成寬度相等但長度較短、或長度相等但寬度較窄的一塊。例如圖 1，6×10 的巧克力被掰成 6×7 的一塊（6×3 的小塊則是扔掉或吃掉了）。

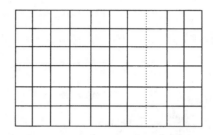

圖 1

現在，我們需要對這個矩形引進一些符號，最好用數字來表示。該如何用數字來表示這塊矩形巧克力呢？顯而易見的方案是給予長和寬的數字，所以初始的巧克力塊是 6×10 的塊狀，或用點座標表示為（6, 10）。巧克力塊的位置無關緊要，尺寸才重要。我們的目標是把（1, 1）留給對方，那麼規則是什麼呢？我們可以在橫向或縱向掰下一塊，當然不能是零或負的。例如可以從（6, 10）處移動到以下位置：

(6, 1), (6, 2), (6, 3),..., (6, 9), (1, 10), (2,10),..., (4, 10), (5, 10)

總之，我們可以做水平向左或垂直向下的移動。圖 2 便說

明這種移動，提供了從（6, 10）處開始的兩種可能達到的狀態。

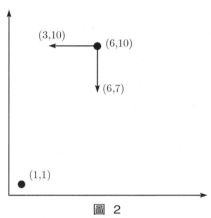

圖 2

現在我們對這個巧克力問題有了一個不錯的數學模型，就可以用數學的語言（不過沒那麼美味可口了）重新敘述這個問題，如下：

> 兩個玩家輪流在格子上移動一個點，每次移動可把這個點向左或向下移動整數格，點不能越過兩條軸線的任意一條，也不能越過點的初始位置（6, 10）處。誰先把點移動到（1, 1），誰就是贏家。試問：誰有一種完美的獲勝策略呢？

或者有另一種敘述方式：

> 兩個玩家從兩排籌碼輪流拿取籌碼。每個人必須從上
> 排或下排拿取，但不能同時從兩排拿取。開始時上排
> 有 5 個籌碼，下排有 9 個籌碼（這表示點 (6, 10)）。取
> 到最後一個籌碼的就是贏家。誰有一種完美的獲勝策
> 略呢？

　　在這種敘述中，所做的一點修改是把上排和下排都減
去 1。這對於熟悉「拈」（Nim）❶ 遊戲的人應該是很強的
暗示，他們很容易就能解決問題。但即使沒有拈遊戲和賽
局理論方面的知識，我們也可以解決這個問題。

　　現在有了符號和一個抽象的數學模型，接下來需要充
分理解這個問題。問題在於 6×10 的塊狀有許多種辦法。
應該從較小的塊狀開始做實驗，於是從 2×3 的小塊入手。

　　第一個玩家可能留下 1×3、2×2、2×1 的其中一個。留
下 1×3 和 2×1 是很愚蠢的，因為第二個玩家可以掰去 1×1
之外所有部分而獲勝，所以第一個玩家應留下 2×2。那
麼，第二個玩家只能留下 1×2 或 2×1，接著第一個玩家只
要掰去一半，剩下 1×1 的塊，就可贏得遊戲。所以對於
2×3 的巧克力塊，第一個玩家獲勝。

---

❶ 譯註：遊戲規則是把火柴棒等物品排成行，參加者輪流拿，拿到最後一個的人
　就贏了。這個遊戲是賽局理論的一種經典模型。

　　我們從中沒有得到很多資訊，於是繼續嘗試另一個例子，例如3×3的巧克力塊。對於要留下什麼樣的塊狀，第一個玩家有幾種選擇：1×3、2×3、3×2和3×1。由於對稱性，後兩者和前兩者是一樣的，可以排除。留下1×3是很愚蠢的，因為第二個玩家可以掰去1×1之外的所有部分而獲勝。但是留下2×3同樣不好，我們已在上一段解決這問題，第二個玩家可採用上一段第一個玩家用過的策略，即掰出2×2，使第一個玩家別無選擇，只能留下1×2，於是第二個玩家可以留下1×1而獲勝。因此對於3×3的巧克力塊，第一個玩家失利。

　　我們利用2×3的問題解決了3×3的問題。這讓我們有所啟發，嘗試用歸納法來解決一般的情況。例如想要解決3×4的問題，已知第一個玩家是3×1、3×2、1×4和2×4的贏家，然而他碰到3×3的問題卻是輸家。因此，第一個玩家面對3×4的問題，策略是把一個3×3留給第二個玩家，因為對第二個玩家來說，這下子必輸無疑。所以，第一個玩家的策略就是把一個不得不掰、一掰就輸的塊狀留給第二個玩家。為什麼這些塊是必輸的呢？因為無論你怎麼掰，它們都會讓對手必贏；那些塊之所以必贏，是因為你將它掰完後，留給對手一個必輸的塊。因此，我們的策略就是確定所有必贏塊和必輸塊。

　　1×1明顯是個必輸塊，它不能被掰，所以遊戲結束。
1×n（n>1）是必贏塊，因為掰它的人可以留下必輸的
1×1給對手。 2×2也是必輸塊，因為掰它的人必會留下保
證對手獲勝的1×2。現在我們可以說，2×n的塊（n>2）
是必贏塊，因為我們可以把必輸的2×2留給對手，依此類
推。我們注意到：

- 如果 a×b 是必輸塊，那麼 a×c（c>b）就是必贏塊，因
  為掰 a×c 的人必然可以給對手留下 a×b。例如，由於我
  們已經證明3×3是必輸塊，那麼3×4、3×5、3×6等等就
  都是必贏塊。
- a×b 是必輸塊，如果所有可能的掰法留下的都是對手的
  必贏塊。例如前面所證明的，1×4、2×4、3×4，以及由
  對稱性而得到的4×3、4×2、4×1，都是必贏塊，因此
  4×4是必輸塊。

　　我們可以不斷地進行這種有條理的方法，最終達到
6×10的塊。但為什麼不把這個過程更加數學化呢？裡面
應該存在必贏塊和必輸塊的某種規律。那麼，目前為止哪
些是已知的必贏塊和必輸塊呢？我們得到的必贏塊為：

$$1\times2 \quad 1\times3 \quad 1\times4 \quad 1\times5 \quad \cdots$$

$$2\times1 \qquad\quad 2\times3 \quad 2\times4 \quad 2\times5 \quad \cdots$$

$$3\times1 \quad 3\times2 \qquad\quad 3\times4 \quad 3\times5 \quad \cdots$$

$$4\times1 \quad 4\times2 \quad 4\times3 \qquad\quad 4\times5 \quad \cdots$$

而已經確認的必輸塊是1×1、2×2、3×3和4×4。

　　根據以上討論可以推測：只有$n\times n$的塊（即方塊）是必輸塊，其他所有的塊都是必贏塊。一旦有了這種推測，甚至不必證明（雖然你可以用歸納法證明），只要應用它就行了。請記住，我們想要把必輸塊留給對手。一旦猜到哪些塊是必輸的，就可以運用策略，一定把它們強留給對手。如果策略始終有效，那當然很好，否則就是猜錯了。概括地講，如果我們的猜測是正確的，最佳策略就是留下一個方塊給對手。因此，這意謂著對於6×10的塊，第一個玩家有以下策略：

掰下部分巧克力，留下6×6的方塊（第二個玩家必輸）。那麼無論第二個玩家怎麼掰，下一步你還是把它變成一個方塊，例如第二個玩家留下6×4，你就把它掰成4×4的方塊。重複這個過程，永遠給對手留下一個方塊，直到最後你留給對手1×1的方塊（使他或她認輸）。

　　這種策略實際上是很有效的，因為無論對手怎麼掰方塊，他得到的都不會是方塊，而非方塊很容易又可以變回方塊。而且因為巧克力的尺寸不斷減小，變來變去的方塊最終必然變成1×1的方塊。這樣一來，只消用一點不太嚴格的數學知識，最後得到一種成功的策略。這正是我們要找的啦。

　　總之，這是一種解決智力遊戲的標準方法，也就是確定所有贏的狀態和輸的狀態，然後總是轉向贏的狀態。優秀的智力遊戲玩家都使用這種方法，雖然他們對贏或輸的狀態並沒有確切的判斷，只有「有利的」或「不利的」推測。例如玩西洋棋的時候，我們說某一步是「好棋」或「壞棋」，不就是指這一步使遊戲轉向有利或不利的局面嗎？很少有西洋棋手靠著隨意走棋、不試圖改進局面而能取勝的。

習題 6.4 兩個玩家用 153 個籌碼開始玩遊戲。每個人必須輪流每次從中取走 1 至 9 個籌碼，取到最後一個籌碼的就是贏家。是第一個玩家還是第二個玩家有必勝策略呢？如果存在這樣的策略，它又是什麼呢？

習題 6.5　兩個玩家從 n 個籌碼開始玩遊戲。每個人必須輪流每次從中取走 d 的冪次個籌碼，取到最後一個籌碼的就是贏家。對於以下 d 值，確定 n 為何值時，第一個玩家有必贏的策略？n 為何值時，第二個玩家獲勝？

（a）$d = 2$

（b）$d = 3$

（c）$d = 4$

*（d）一般情形

習題 6.6　重複以上兩個練習，但是目標改為爭取輸，也就是說，迫使另一個玩家取到最後一個籌碼。（如果思路正確，很容易找到答案。）

習題 6.7　考慮問題 6.3 的一種三維形式，從 $3 \times 6 \times 10$ 的巧克力塊開始，並沿著任意的三維座標軸掰開。哪個玩家獲勝？獲勝策略是什麼？

** 習題 6.8　在五子棋遊戲中，兩個玩家（白方和黑方）輪流在一張 19×19 的棋盤上擺放相應顏色的石子。如果一個玩家使自己的五顆石子擺成一行（任何方向），他就獲勝了；如果棋盤上的所有方格都被填滿，卻還沒有出現「五子連行」，遊戲就成為平局。證明：第一個玩家有一種保證至少是平局的策略。（提示：你需要用反證法來論證。先證明如果第一個玩家不能至少保持平局，第二個玩家就有一種必勝的策略。然後讓第一個玩家「偷用」這一策略。）

問題 6.4（Shkarsky et al. 1962, p. 9）兩兄弟賣了一群羊，每隻羊賣價的盧布數與這群羊的隻數相同。然後按以下方式分配收入：哥哥先取走 10 盧布，然後弟弟取走 10 盧布，哥哥再取走 10 盧布，依此類推。分配到最後，輪到弟弟取錢，他發現已不足 10 盧布了，只好把剩餘的取走。為了公平起見，哥哥把自己的小刀給了弟弟，小刀的價格是以盧布為單位的一個整數。試問：小刀值多少錢？

　　面對這個問題，第一個反應可能是看起來沒有足夠的資訊。其次，問題的條件似乎不夠嚴格。但是，都還沒有

進行各種嘗試就放棄解決問題的努力，這也是不應該的。
看一下問題 6.2，它可著手討論的資訊甚至更少，但仍然
可以解答。

我們應先設法把這個問題用方程式來敘述，為此需要
引進一些變數。首先，我們注意到小刀的價格最終取決於
羊的數量，而羊的數量是題目裡唯一一個獨立變數。（也
就是說，羊的數量決定一切。）假設有 s 隻羊，那麼每隻
羊賣得 s 盧布，所以總收入是 s^2 盧布。

現在我們需要了解收入是如何分配的。假設總盧布數
是 64，那麼哥哥取走 10 盧布，然後弟弟取走 10 盧布，依
此類推。這時，我們發現最後 4 盧布被哥哥取走，而不是
弟弟，所以這種情況不會出現。請記住，已知資訊是弟弟
取走最後的現金。我們如何用數學語言表達這一事實呢？

為了用數學語言來表達，我們需要一些方程式和變數
（足以描述這一情形，但不至於引起困惑或造成多餘）。
假設弟弟取零錢之前已經取了 n 次 10 盧布，那麼哥哥也
取過 n 次 10 盧布，再加上弟弟取零錢之前哥哥又取走的
10 盧布，剩下的零錢為 a 盧布（ a 是 1 至 9 的某個整數，
因為問題似乎表明 a 不是零），於是總盧布數只能是

$$s^2 = 10n + 10 + 10n + a$$

或

$$s^2 = 10(2n+1) + a \qquad (19)$$

但它與小刀有什麼關係呢？我們想要解答的因變數是小刀的價格 p，因此需要一個方程式，把 p 和其他變數連結在一起，最好與獨立變數 s 連結在一起。這樣說來，在把小刀給弟弟之前，哥哥取走 $10n+10$ 盧布，而弟弟取走 $10n+a$ 盧布。一旦給了小刀，哥哥的收入為 $10n+10-p$，而弟弟的收入為 $10n+a+p$。出於公平的考慮，這兩部分收入一定是相等的。因此得到一個串聯起 p 和 a 的有用方程式：

$$a = 10 - 2p \qquad (20)$$

把式（20）代入方程式（19）（消去 a），可以得到一個聯繫 p 與其他變數的方程式：

$$s^2 = 20(n+1) - 2p \qquad (21)$$

我們要利用這些方程式來解出 p。由於不知道 s、n 或 a 的值，所以看起來資訊似乎還不夠充分。怎樣才能進一步縮小範圍呢？根本的問題是未知量太多了。我們可以利用模算術來消去其中若干未知量，例如可以對式（21）取模 20 來消去 n，得到

$$s^2 = -2p \,(\text{mod } 20)$$

這樣距離求出 p 的目標更近了，但還要對付煩人的 s。幸好可以利用這樣一個事實：在模算術中，平方數只會產生若干個有限的數值。事實上對模 20，平方數只會是 0、1、4、5、9 或 16。換句話說，我們得到

$$-2p = 0, 1, 4, 5, 9, 16 \,(\text{mod } 20)$$

請注意 $2p$ 必定是偶數，因此得到

$$p = 0, 2, 8 \,(\text{mod } 10)$$

這樣就有了關於 p 的模 10 的等式，但還不能確定答案。小刀的價格可能是 0、2、8、10、12 盧布等，但是小刀不可能太貴，對吧？畢竟弟弟沒有得到的只是 10 盧布或更少……順著這些線索繼續思考，最終你會想到，p 不僅與 n、s 有關，還與 a 有關，而 a 限制在 1 至 9 之間。請注意式（19），這意謂著 $0 < p < 5$，把這與另一關於 p 的等式相結合，就能確定小刀的價格是 2 盧布。（請注意，即使允許 $a = 0$，這個結論仍然是對的。）

奇怪的是，儘管有足夠的資訊用於確定小刀的價格，卻沒有足夠的資訊來確定羊的價格或數量。事實上，關於

s，我們只能說 $s = \pm 4 \pmod{20}$，因此羊的數量可能是 4、16、24、36、44、56 等。

　　對於這類智力難題，你需要使用所有可以得到的資訊。最好的方法是把難題中已知的所有資訊羅列出來，分別寫出，例如：

（a）要分配平方數個盧布；

（b）弟弟沒有得到他應有收入的一小部分；

（c）弟弟的這一差額由小刀來補償。

然後應盡快把這些事實轉化為方程式：

（a）$s^2 = 10(2n+1)+a$

（b）$0 < a < 10$

（c）$a = 10 - 2p$

我們應設法抓住每一條資訊，無論看起來多麼無關緊要。例如可以指出 n 應該是非負的，p 大概是正的（不可能提到一把毫無價值的小刀），以及有正整數隻羊等等。一旦所有資訊以方程式的形式確定下來，就比較容易對問題進行正確的處理了。

參考文獻

書籍，就像是朋友，不一定多，但要精挑細選。

——十九世紀書商帕特森

（Samuel Paterson, 1728-1802）

[1] AMOC (Australian Mathematical Olympiad Committee), 1986-1987. Correspondence Programme, Set 1 questions.

[2] Australian Mathematics Competition, 1984. *Mathematical Olympiads: The 1984 Australian Scene*. Belconnen, ACT: Canberra College of Advanced Education.

[3] Australian Mathematics Competition, 1987. *Mathematical Olympiads: The 1987 Australian Scene*. Belconnen, ACT: Canberra College of Advanced Education.

[4] Borchardt W G, 1961. *A Sound Course in Mechanics*. London: Rivingston.

[5] Greitzer S L, 1978. *International Mathematical Olympiads 1959-1977* (New Mathematical Library 27). Washington DC.: Mathematical Association of America.

[6] Hajós G, Neukomm G, Surányi J, 1963. *Hungarian Problem Book I, based on the Eötvös Competitions 1894-1905* (New Mathematical Library 11). Kürschák J orig. comp., Rapaport E. tr. Washington DC.:

Mathematical Association of America.

[7]   Hardy G H, 1975. *A Course of Pure Mathematics*. 10th ed. Cambridge: Cambridge University Press.

[8]   Polya G, 1957. *How to Solve it: A New Aspect of Mathematical Method*. 2nd ed. Princeton: Princeton University.

[9]   Shklarsky D. O., Chentzov N.N., Yaglom I.M., 1962. *The USSR Olympiad Problem Book: Selected Problems and Theorems of Elementary Mathematics*, Sussmar I, revd. and ed., J. Maykovich, tr. San Francisco: Freeman.

[10]   Taylor P. J., 1989. *International Mathematics: Tournament of the Towns, Questions, and Solutions, Tournaments 6 to 10 (1984-1988)*. Belconnen, ACT: Australian Mathematics Foundation Ltd.

[11]   Thomas G. B., Finney R.L., 1988. *Calculus and Analytic Geometry*. Reading: Addison-Wesldy.

國家圖書館出版品預行編目資料

陶哲軒教你聰明解數學 / 陶哲軒（Terence Tao）
　　著 ; 于青林譯 . -- 初版 . -- 臺北市 : 遠流 , 2011.07
　　面 ;　　公分 . --（大眾科學館 ; PS036）
　　譯自 : Solving Mathematical Problems : A Personal
　　　　Perspective
　　ISBN 978-957-32-6802-4（平裝）

310　　　　　　　　　　　　　　100010900

Solving Mathematical Problems: A Personal Perspective
by Terence Tao
Copyright © 2006 by Terence Tao
Published by arrangement with Oxford University Press.
Through Andrew Nurnberg Associates International Ltd.
Complex Chinese translation copyright © 2011 by Yuan-Liou Publishing Co., Ltd.

陶哲軒教你聰明解數學

作者／陶哲軒（Terence Tao）

譯者／于青林

審訂／游森棚

責任編輯／王心瑩、陳懿文

封面設計／唐壽南

企劃經理／金多誠

科學叢書總編輯／吳程遠

出版一部總監／王明雪

發行人／王榮文

出版發行／遠流出版事業股份有限公司

臺北市 100 南昌路二段 81 號 6 樓

郵撥／0189456-1　電話／2392-6899

傳真／2392-6658

著作權顧問／蕭雄淋律師

2011 年 7 月 1 日　初版一刷

2021 年 4 月 30 日　初版十六刷

新台幣售價／280 元（缺頁或破損的書，請寄回更換）

ISBN 978-957-32-6802-4

YLib 遠流博識網

http://www.ylib.com　E-mail: ylib@ylib.com